H. Kohl
Qualitätsmanagement im Labor

Springer

Berlin
Heidelberg
New York
Barcelona
Budapest
Hong Kong
London
Mailand
Santa Clara
Singapur
Paris
Tokio

Herfried Kohl

Qualitätsmanagement im Labor

Praxisleitfaden für Industrie, Forschung, Handel und Gewerbe

Mit 22 Abbildungen und 11 Tabellen

Springer

Dr. Herfried Kohl
Landesgewerbeanstalt Bayern
InterCert GmbH
Tillystraße 2
90431 Nürnberg

ISBN 3-540-58100-6 Springer-Verlag Berlin Heidelberg New York

Herstellung: PRODUserv Springer Produktions-Gesellschaft, Berlin
Einbandgestaltung: Struve & Partner, Heidelberg
Satz: Camera-ready-Vorlage des Autors

SPIN 10470922 52/3020-5 4 3 2 1 0 Gedruckt auf säurefreiem Papier

Zur Erinnerung an Ute Thieme

Vorwort

Mit den beiden Dokumenten ISO Guide 25 und EN 45001 ist eine Grundlage für den Aufbau von QM-Systemen in Prüflaboratorien geschaffen worden, die internationale Akzeptanz gefunden hat. Dieses Buch wendet sich in erster Linie an Mitarbeiter in Prüflaboratorien, die sich mit dem Auf- oder Ausbau eines QM-Systems nach diesen Standards in ihrem Labor beschäftigen.

In den letzten Jahren habe ich als Systembegutachter im Auftrag von Akkreditierungsstellen eine große Zahl von Laboratorien auditiert. Dabei und im Rahmen meiner Mitarbeit in diversen Ausschüssen von Akkreditierungsstellen hatte ich die Gelegenheit, die Probleme aus der Nähe kennenzulernen, die Prüflaboratorien bei der Umsetzung der eingangs genannten QM-Standards haben. Darüber hinaus hatte und habe ich als Leiter der Zertifizierungsstelle der LGA (Nürnberg) und nunmehr als Geschäftsführer der im Juli 1995 gegründeten LGA InterCert GmbH für QM-Systeme nach ISO 9000, Umweltmanagementsysteme und Produkte die Gelegenheit, das Thema in einem noch breiteren Zusammenhang zu bearbeiten.

Ich bin davon ausgegangen, daß dieses Buch von Lesern mit unterschiedlicher Ausbildung und mit unterschiedlichen Vorkenntnissen verwendet werden wird. Es war daher meine Absicht, eine leicht lesbare und handhabbare Darstellung und Kommentierung der eingangs genannten QM-Standards für Prüflaboratorien zu geben.
Das Thema dieses Buches ist es dabei nicht, wie etwa bestimmte Prüfverfahren mit HPLC durchzuführen sind, wie Kunstfoffproben zur Messung des E-Moduls vorbereitet werden oder wie man Faserpartikel mit dem REM auszählt. Für diese und ähnliche Fragen gibt es umfangreiche Spezialliteratur und das Laborpersonal muß wissen, auf welche Quellen es im Bedarfsfalle zurückgreifen muß.

Die Erfahrung zeigt aber, daß beim Laborpersonal ein echter Bedarf an einem schnell lesbaren Leitfaden besteht, der praktische Hilfestellung bei der Einführung und beim Ausbau eines QM-Systems im Labor gibt.
In jüngster Zeit ist zwar die Literatur zu den diversen Aspekten des QM stark angewachsen. Die Belange der Prüflaboratorien sind dabei aber auf eine bedauerliche Weise weitgehend ausgespart worden, oder die Publikationen

konzentrieren sich auf die Anforderungen von analytischen Laboratorien. Das vorliegende Buch möchte dazu beitragen, diese Lücke zu schliessen.
Im übrigen war es nicht meine Absicht und wäre bei dem hier behandelten Thema auch nicht möglich gewesen, in jeder Hinsicht und bezüglich jeden Aspektes erschöpfend zu sein. Schließlich wollte ich kein Handbuch, sondern einen praktischen Leitfaden schreiben, der dem Leser einen guten Teil konzeptueller Arbeit beim Aufbau und der Fortentwicklung eines QM-Systems im Prüflabor abnimmt. Es handelt sich also mehr um ein "Kochbuch", als um eine wissenschaftliche Darstellung der Grundlagen des Prüfens und Messens.

Im **Kapitel 1** wird in knapper Form der Zusammenhang des ISO Guide 25 und der EN 45001 mit den Normenreihen ISO 9000 und EN 45000 und einigen anderen Standards dargestellt. Darüber hinaus wird auf das "Globale Konzept für Zertifizierung und Prüfwesen" in Europa eingegangen.

Das **Kapitel 2** beschreibt in seinen 11 Abschnitten die Module eines QM-Systems in Prüflaboratorien. Dabei beginnt jeder Abschnitt mit allgemeinen Bemerkungen zu den Anforderungen der EN 45001 und diskutiert dann, wie diese Anforderungen zu erfüllen sind. Am Ende jedes Abschnittes ist eine Liste mit Checkpunkten zu dem jeweiligen QM-Modul wiedergegeben. Manche Abschnitte enthalten einen Anhang mit Beispielen und Formblättern, die dem Leser als Anregung für die praktische Umsetzung in seinem Labor dienen können.
Ein Hinweis scheint in diesem Zusammenhang wichtig: Während etwa die ISO 9001 eine sehr klare Durchnummerierung der von ihr geforderten QM-Elemente (Module) vorgibt, die in der Praxis auch häufig als 20-Punkte-Gliederung für die QM-Dokumentation herangezogen wird, besitzt die EN 45001 keine solche transparente Gliederung und so muß jedes Prüflabor seine eigene entwerfen.
Die Gliederung des Kapitel 2 in 11 QM-Module ist ein Vorschlag, der sich in der Praxis bewährt hat. Sie hat insbesondere den Vorteil, daß in sie im Bedarfsfalle ohne Schwierigkeiten auch Anforderungen anderer Standards (z. B. GLP und ISO 9000) eingearbeitet werden können.

Das **Kapitel 3** ist der Darstellung von ergänzenden Aspekten gewidmet. Die Themen umfassen eine Diskussion der praktischen Schritte beim Aufbau eines QM-Systems im Prüflabor unter verschiedenen Randbedingungen und die Beschreibung der Vorgehensweise von Akkreditierungsstellen bei der Begutachtung von Prüflaboratorien.
Das Kapitel 3 enthält auch eine Checkliste zum Aufbau eines QM-Systems in Prüflaboratorien nach EN 45001, wie man sie erhält, wenn man die Anforderungen dieser Norm in Fragen umwandelt. Diese Checkliste kann zum Beispiel dazu verwendet werden, eine Bestandsaufnahme im eigenen Labor vorzunehmen, oder unterauftragnehmende Labors zu begutachten.

Im **Kapitel 4** werden ergänzende Anforderungen an Prüflaboratorien angegeben, die chemische, sensorische, mechanisch-technologische und andere Prüfungen durchführen. Diese Ausführungen ergänzen die allgemeine Diskussion von Kapitel 2.

Die Dokumente EN 45001 und ISO Guide 25 wenden sich in erster Linie an Prüflaboratorien. In der Praxis gibt es aber eine große Zahl von Laboratorien, die neben prüfenden auch Forschungs-, Entwicklungs- und Lehrtätigkeiten durchführen. Man denke etwa an Laboratorien in der Indurstrie, in Großforschungseinrichtungen und an Hochschulen. Das **Kapitel 5** diskutiert QM-Systeme für solche Labors und nimmt dabei die ISO 9000 Reihe als Grundlage. Dieses Kapitel enthält auch eine auf solche Labors zugeschnittene Checkliste.

Die im Text enthaltenen Checklisten sind auch in Form einer **Diskette** dem Buch beigegeben, was für den Praktiker nützlich sein dürfte.

Der Inhalt dieses Buches ist bereits in vielen Vorträgen und im Rahmen von Schulungsveranstaltungen vor Laborvertretern und Begutachtern unterschiedlichster Fachrichtungen präsentiert worden. Ich habe bei diesen und anderen Anlässen manche Anregungen erhalten, für die ich zu Dank verpflichtet bin. Dasselbe gilt auch für zahllose und oft sehr anregende Gespräche im Rahmen von Laboraudits.

Ohne Frau Ingrid Müller wäre dieses Manuskirpt vielleicht nie in lesbare Form gebracht worden. Sie war bereit, mehrere Tage und Nächte ihres jungen Lebens für das Projekt zu opfern.
Herrn Peter Enders vom Springer Verlag danke ich für die angenehme Betreuung des Buchprojektes und für sein verständnisvolles Eingehen auf meine Zeitprobleme. Ich freue mich, daß dieses Buch beim Springer Verlag erscheinen darf.

Mein ganz besonderer Dank gilt aber meiner früheren Assistentin und engsten Freundin Ute Thieme. Mit ihr habe ich fast das gesamte hier wiedergegebene Material bei unzähligen Tassen Tee immer wieder diskutiert und ich bin ihr deswegen und wegen noch viel wesentlicherer Dinge für immer zu Dank verpflichtet. Leider konnte sie das Erscheinen des Buches nicht mehr erleben und ich möchte es deshalb ihrem Andenken widmen.

Nürnberg, August 1995 Dr. Herfried Kohl

Inhaltsverzeichnis

1 Einleitung

Es mag im Einzelfall die unterschiedlichsten Gründe dafür geben, daß ein Labor den Auf- oder Ausbau eines QM-Sytems betreibt. Folgende Aspekte werden aber immer mit unter den wichtigsten ganz oben auf der Liste der Ziele stehen:

- Transparenz der Abläufe und der Zuständigkeiten im Labor;
- Beherrschbarkeit der Prozesse;
- Sicherstellung der Zuverlässigkeit der Prüfergebnisse;
- Vermeidung von unwirtschaftlichen Abläufen und Strukturen.

Die Notwendigkeit von QM-Maßnahmen im Labor steht an sich außer Frage. Ohne ordentliche und organisierte Arbeitsweise sind in einem Labor keine zuverlässigen Resultate zu erzielen. Im Zuge der Harmonisierungsbestrebungen in der Europäischen Union und der Zielsetzung, einen freien Verkehr von Waren und Dienstleistungen zu ermöglichen, ist jedoch das Thema Qualität und Qualitätsmanagement auch für Prüflabors noch in einer anderen Hinsicht wichtig geworden.
Die Arbeitsweisen von Prüflaboratorien sind nämlich nur dann auf nationaler und internationaler Ebene vergleichbar, wenn sichergestellt ist, daß diese Arbeitsweisen allgemein anerkannten und meßbar gleichartigen Kriterien genügen. Die EN 45001 (Allgemeine Kriterien zum Betreiben von Prüflaboratorien) wurde 1989 als europäische Norm gültig und im Mai 1990 auch als deutsche Norm übernommen. Sie wurde mit dem Ziel erstellt, das Vertrauen in diejenigen Prüflaboratorien zu stärken, die dieser Norm entsprechen. Die EN 45001 basiert auf dem ISO Guide 25 und einigen anderen bereits früher veröffentlichten Papieren. Ihr Ziel ist die Vorgabe von Mindestanforderungen, denen ein Prüflabor zu genügen hat. Dabei definiert die EN 45001 nur *allgemeine* Anforderungen an Prüflabors. Diese werden für Labors in speziellen Arbeitsgebieten ergänzt durch Normen, andere Vorschriften und gesetzliche Vorgaben. Auch Akkreditierungsstellen und internationale Dachorganisationen für Akkreditierungsstellen geben zusätzliche spezielle Anforderungen an Prüflabors in bestimmten Bereichen vor.

Die europäische Normenreihe EN 45000 besteht derzeit (Juni 1995) aus folgenden Normen:

EN 45001	Allgemeine Kriterien zum Betreiben von Prüflaboratorien
EN 45002	Allgemeine Kriterien zum Begutachten von Prüflaboratorien
EN 45003	Akkreditierungssysteme für Kalibrier- und Prüflaboratorien
EN 45004	Allgemeine Kriterien für den Betrieb verschiedener Typen von Stellen, die Inspektionen durchführen
EN 45010 (E)	Allgemeine Anforderungen an die Begutachtung und Akkreditierung von Zertifizierungsstellen
EN 45011	Allgemeine Kriterien für Stellen, die Produkte zertifizieren

EN 45012	Allgemeine Kriterien für Stellen, die Qualitätssicherungssysteme zertifizieren
EN 45013	Allgemeine Kriterien für Stellen, die Personal zertifizieren
EN 45014	Allgemeine Kriterien für Konformitätserklärungen von Anbietern
EN 45020	Allgemeine Fachausdrücke und deren Definitionen betreffend Normung und damit zusammenhängende Tätigkeiten

Die EN 45001 wurde - wie gesagt - mit dem Ziel geschaffen, einen einheitlichen Standard für QM-Systeme und die Arbeitsweise von Prüflaboratorien einzuführen, gleichgültig in welchen Branchen diese arbeiten. Die Normen EN 45011, EN 45012 und EN 45013 leisten dasselbe für Zertifizierungsstellen für Produkte, QM-Systeme und Personal. Die EN 45003 betrifft Stellen, die Prüflaboratorien akkreditieren, sprich, ihnen die fachliche Kompetenz bestätigen. Die EN 45002 gibt diesen Akkreditierungsstellen Vorgaben, wie sie bei der Begutachtung (fachlichen Bewertung) von Prüflabors vorzugehen haben. Die derzeit im Entwurf vorliegende EN 45010 leistet dasselbe für die Akkreditierung von Zertifizierungsstellen. Die EN 45004 gibt Kriterien für Stellen vor, die Inspektionen durchführen.

Im Jahre 1989 wurde im Amtsblatt der Europäischen Gemeinschaften (Nr. C 267/3 vom 19. 10. 1989) ein Dokument unter dem Titel "Ein Globales Konzept für Zertifizierung und Prüfwesen" publiziert. In diesem Papier wird ein Bündel von Maßnahmen vorgestellt, die dazu beitragen sollen, den freien Verkehr von Waren und Dienstleistungen in Europa zu gewährleisten.
Wir wollen an dieser Stelle nicht intensiv auf diese Konzeptionen eingehen, da es hierzu schon eine Reihe von ausführlichen Darstellungen gibt. Das Literaturverzeichnis am Ende des Buches enthält einige Referenzen.
Prüflaboratorien kommt in jedem Falle im Rahmen dieses Konzeptes eine zentrale Rolle zu. Schließlich sind sie es ja, die letztlich durch die Ermittlung von Meßwerten verschiedenster Art, immer wieder die Grundlagen zu weitreichenden Entscheidungen liefern: Erfüllt ein Produkt die allgemeinen Sicherheitsanforderungen aus einer EG-Richtlinie? Liegen die Werte der Schadstoffe in einem vorliegenden Material unter den vorgeschriebenen Grenzen?

Vertrauen in die Arbeitsweise von Prüflabors und Zertifizierungsstellen kann nach dem genannten "Globalen Konzept" nur dann entstehen, wenn ihre Arbeitsweise einerseits auf einer einheitlichen Basis steht, eben der EN 45001, bzw. der EN 45011 und EN 45012 für Zertifizierungsstellen. Darüber hinaus ist es die Aufgabe der nationalen Akkreditierungsstellen, die Laboratorien und Zertifizierungsstellen zu begutachten, zu akkreditieren und zu überwachen. Internationale Dachorganisationen für Akkreditierungsstellen stellen wiederum die einheitliche Arbeitsweise der nationalen Akkreditierungsstellen durch deren regelmäßige Evaluierung sicher. Positiv evaluierte Akkreditierungsstellen schließen Verträge mit den internationalen Dachorganisationen für Akkreditierungsstellen ab (Multilateral Agreement) und stellen dadurch sicher, daß die von ihnen ausgegebenen Akkreditierungsurkunden internationale Anerkennung finden. Der Stand dieser internationalen Evaluierungen ist derzeit in Bewegung und den Prüflaboratorien ist zu empfehlen, diese Entwicklung zu beobachten und gegebenenfalls mit Akkreditierungsstellen Rücksprache zu halten.

Neben der bereits genannten Normenreihe EN 45000 ist die Normenreihe EN 29000 von Bedeutung, die identisch ist mit der ISO 9000 Reihe. Auf sie wird im Abschnitt 5 noch eingegangen werden. Für Akkreditierung und Zertifizierung bedeutsam ist schließlich eine Reihe von EG-Richtlinien (Harmonisierungsrichtlinien), die das Inverkehrbringen von bestimmten Produkten oder Produktgruppen regeln. Beispiele hierzu sind die Maschinenrichtlinie, EMV-Richtlinie, Spielzeugrichtlinie usw.. In Abbildung 1-1 wird ein Überblick über die genannten Dokumente und Normen gegeben.

Im folgenden soll in sehr knapper Form das deutsche Akkreditierungssystem für Prüflaboratorien und Zertifizierungsstellen skizziert werden. Für die Klärung von detaillierteren Fragen sei interessierten Labors empfohlen, sich direkt an die jeweiligen zuständigen Akkreditierungsstellen zu wenden und mit Vertretern dieser Stellen entweder Gespräche zu führen oder sich aktuelle Informationen über diese Stellen zusenden zu lassen.

Die oberste Dachorganisation für Akkreditierungsstellen in Deutschland ist der DAR - Deutscher Akkreditierungsrat mit Sitz in Berlin. Ihm obliegt die Aufsicht und Koordinierung über sämtliche Akkreditierungsaktivitäten in Deutschland, einschließlich der Vertretung des deutschen Systems nach außen. Der DAR hat auch eine Datenbank aufgebaut, in der alle in Deutschland akkreditierten Prüflabors und Zertifizierungsstellen samt ihres "Scope of Accreditation" eingetragen sind. Wie aus Abbildung 1-2 ersichtlich, ist das deutsche Akkreditierungssystem relativ kompliziert. Im gesetzlich geregelten und im gesetzlich nicht geregelten Bereich haben sich verschiedene Akkreditierungsstellen etabliert, die jeweils nur in bestimmten Bereichen oder Branchen akkreditieren. Für die Akkreditierung von Prüf-, Überwachungs- und Zertifizierungsstellen im Rahmen von EG-Harmonisierungsrichtlinien spielen diverse Akkreditierungsstellen im gesetzlich geregelten Bereich eine Rolle. Für Akkreditierungen im Zusammenhang mit der EG-Maschinenrichtlinie ist zum Beispiel die ZLS - Zentralstelle der Länder für Sicherheitstechnik (München) zuständig.
Im gesetzlich nicht geregelten Bereich gibt es diverse Akkreditierungsstellen für Prüflabors und Zertifizierungsstellen für Produkte, die jeweils in bestimmten Bereichen akkreditieren. Das DAP - Deutsches Akkreditierungssystem Prüfwesen (Berlin) akkreditiert zum Beispiel für analytische, mechanisch-technologische, lebensmittelanalytische Bereiche, zerstörungsfreie Werkstoffprüfung, Akustik,

Luftreinhaltung und einige andere. Die DACH - Deutsche Akkreditierungsstelle Chemie (Frankfurt) akkreditiert in chemischen und angrenzenden Bereichen.
Eine besondere Rolle kommt der TGA - Trägergemeinschaft für Akkreditierung (Frankfurt) zu. Sie ist einerseits als Dachorganisation für die Akkreditierungsstellen im nicht geregelten Bereich zuständig und hat diese zu koordinieren. Daneben wirkt die TGA jedoch auch als Akkreditierungsstelle für Zertifizierungsstellen für QM-Systeme und für Zertifizierungsstellen für Personal.

Unter den verschiedenen internationalen Organisationen im Bereich Prüfwesen und Akkreditierung ist für Prüflabors die EAL - European Cooperation for Accreditation of Laboratories besonders wichtig. Sie spielt gewissermaßen die Rolle einer europäischen Dachorganisation für Akkreditierungsstellen für Prüflaboratorien und evaluiert und überwacht diese. Ein wesentliches Ziel ist dabei die europäische Anerkennung von Akkreditierungsstellen und damit letztlich auch der von diesen erteilten Akkreditierungen von Prüflabors im gesetzlich nicht geregelten Bereich und der von diesen ausgegebenen Prüfberichte. Die EAL besteht aus diversen working groups, die in Abbildung 1-3 skizziert sind. Die EAL veröffentlicht auch Guidelines zur Interpretation und Anwendung der EN 45001.

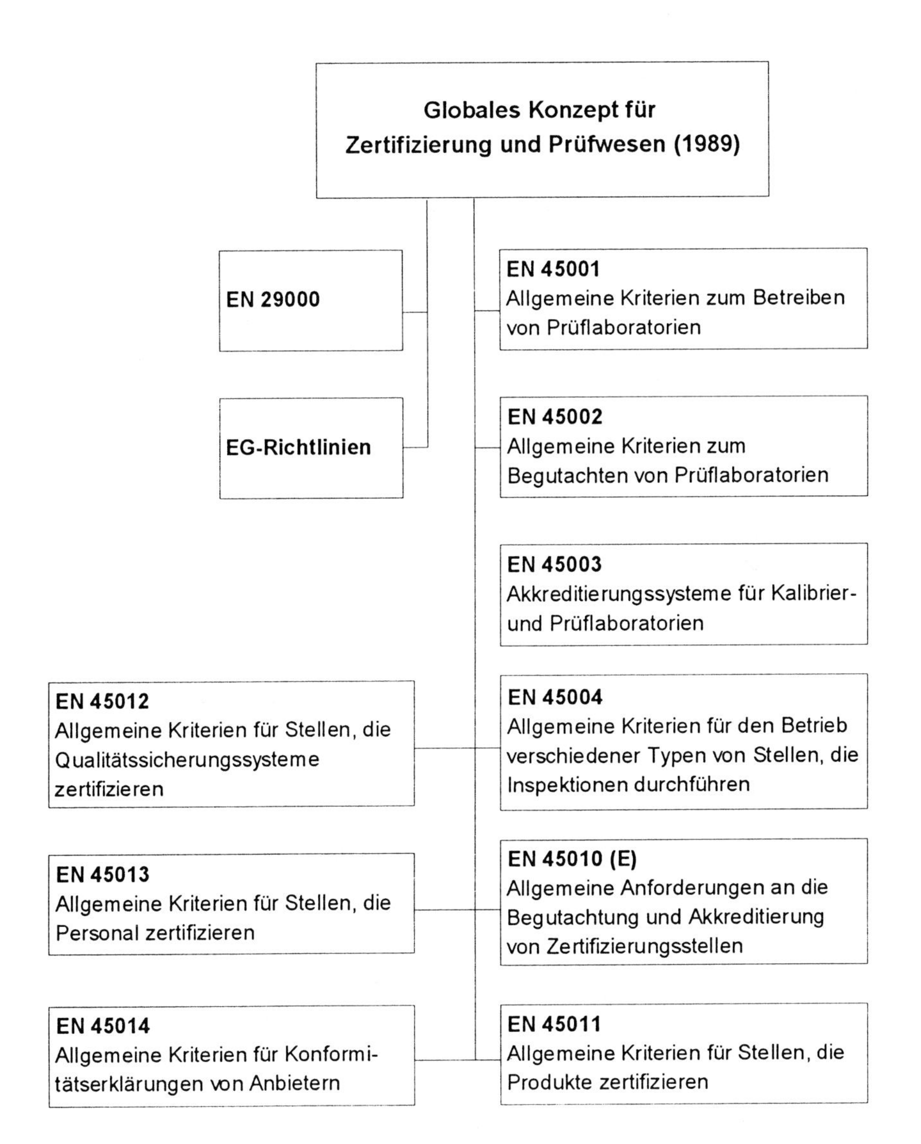

Abbildung 1-1: Schematische Darstellung zur Umsetzung des Globalen Konzeptes für Zertifizierung und Prüfwesen

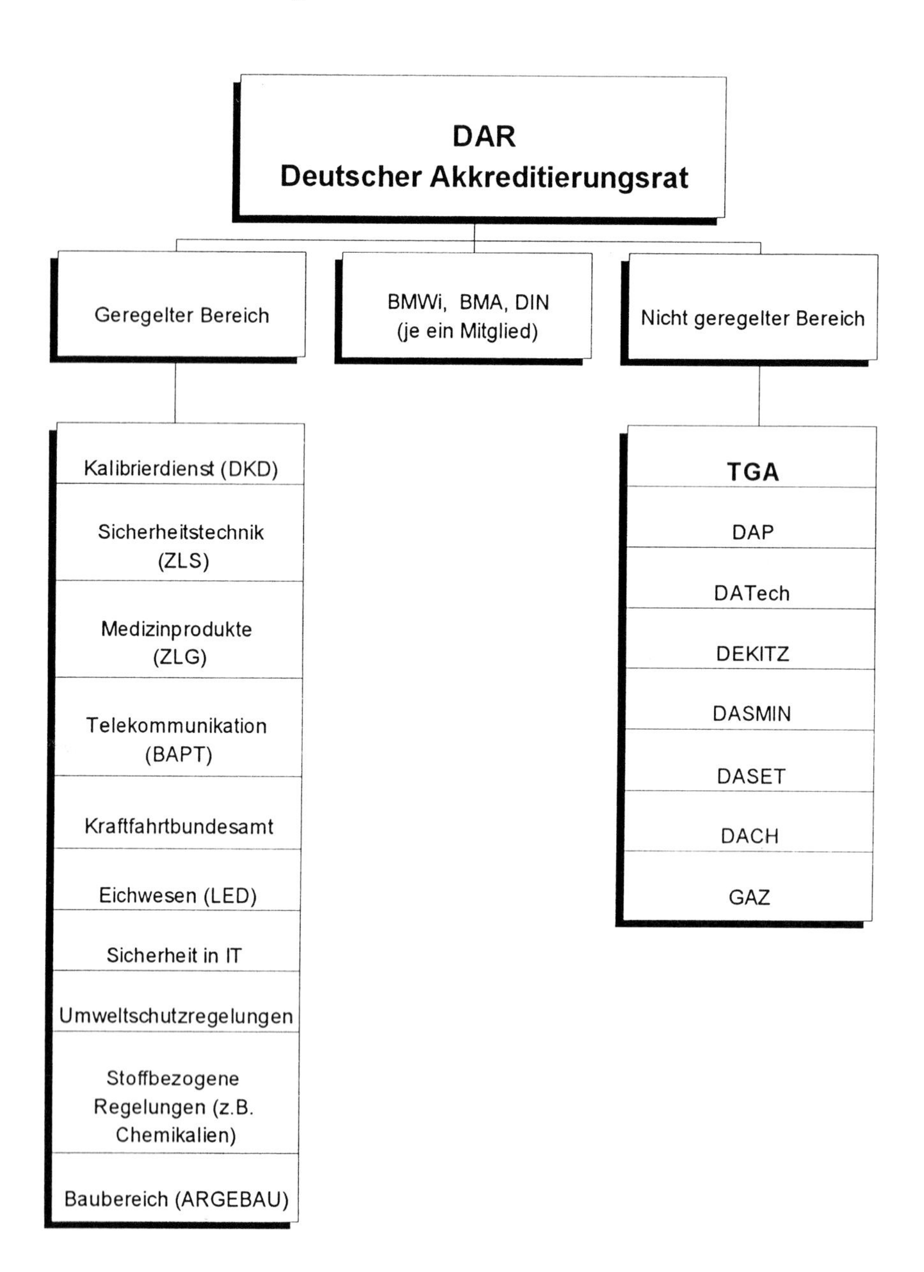

Abbildung 1-2: Der DAR - Deutscher Akkreditierungsrat und das deutsche Akkreditierungssystem für Prüflabors und Zertifizierungsstellen

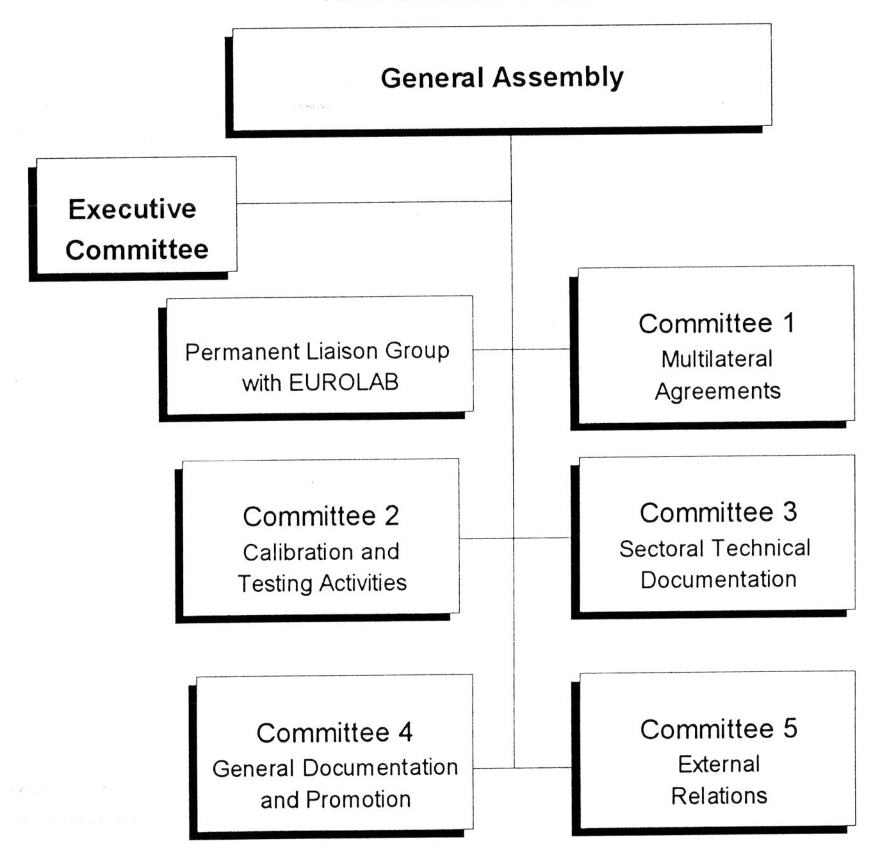

Abbildung 1-3: Struktur der EAL - European Cooperation for Accreditation of Laboratories

2 Module eines QM-Systems in Prüflaboratorien

2.1 Verantwortung der Leitung
2.2 Qualitätsmanagementsystem
2.3 Lenkung der Dokumente und Daten
2.4 Räumlichkeiten, Prüfumgebung und Einrichtungen
2.5 Personal und Schulung
2.6 Prüfverfahren und Prüfanweisungen
2.7 Handhabung der Proben und Prüfgegenstände
2.8 Aufzeichnungen und Archivierung
2.9 Beschaffung und Unteraufträge
2.10 Zusammenarbeit mit Auftraggebern
2.11 Zusammenarbeit mit anderen Prüflaboratorien, Akkreditierungsstellen und mit Stellen, die Normen und Vorschriften erarbeiten

Der Aufbau eines QM-Systems im Prüflabor und seine Darlegung erfolgt gewöhnlich in Form von Elementen (Modulen). Dazu faßt man die unterschiedlichen Anforderungen der EN 45001 bezüglich Personal, Einrichtungen des Labors, Prüfverfahren usw. in zweckmäßiger Weise thematisch zusammen und macht die für das jeweilige Labor zutreffenden Regelungen und Darlegungen. Die EN 45001 gewährt dem Prüflabor völlig freie Hand, wie es diese Einteilung und Darlegung seines QM-Systems vornimmt. Die Norm stellt lediglich bestimmte Mindestanforderungen an die Inhalte der einzelnen QM-Elemente. Im übrigen ist die Struktur des QM-Systems natürlich so zu wählen, daß sie den derzeitigen und möglichst auch künftigen Anforderungen des Labors Rechnung trägt. Bei allen Festlegungen ist die Zweckmäßigkeit, Angemessenheit und Wirksamkeit der Abläufe und Regelungen im Auge zu behalten.

Das Ziel dieses Kapitels 2 ist es, mit seinen 11 Abschnitten einen solchen modularen Aufbau eines QM-Systems vorzuschlagen, wie er sich in der Praxis bereits bewährt hat. Die Einteilung ist so gewählt, daß sie einerseits die thematischen Anforderungen der EN 45001 zweckmäßig zusammenfaßt und darüber hinaus

aber dem Labor die Möglichkeit bietet, auch zusätzliche Forderungen zu einzelnen QM-Elementen (z. B. gemäß GLP und ISO 9000) leicht mit aufnehmen zu können.
Es sei jedoch betont, daß die hier vorgeschlagene Gliederung des QM-Systems, die sich auch in einer analogen Gliederung des QM-Handbuchs niederschlägt, eine freiwillige und willkürliche ist und vom Labor auch anders gewählt werden kann, wenn aus seiner Sicht dafür Gründe sprechen. Zweckmäßigkeit sollte hierbei das oberste Gebot sein. Die in den nachfolgenden 11 Abschnitten dieses Kapitels gegebenen Vorschläge, Bemerkungen und Diskussionen werden davon natürlich nicht berührt und bleiben auch bei der Wahl einer anderen Gliederung des QM-Systems und QM-Handbuchs gültig.

Die einzelnen Abschnitte dieses Kapitels gehören zwar naturgemäß zusammen, sind aber jeder für sich und ohne Einhaltung einer bestimmten Reihenfolge lesbar. Wo es zweckmäßig schien, sind Querverweise in den Text eingebaut.
Die einzelnen Abschnitte folgen einem einheitlichen Aufbau. Zunächst werden einleitend die jeweiligen Anforderungen der EN 45001 wiedergegeben. Daran schließen sich Kommentare, Bemerkungen und Empfehlungen, die dem Labor helfen sollen, beim Auf- und Ausbau seines QM-Systems Zeit und konzeptuelle Arbeit zu sparen. Wo es zweckmäßig erschien, sind am Ende der Abschnitte Beispiele zur Illustration wiedergegeben. Jeder Abschnitt enthält eine Checkliste, in der einerseits die wichtigsten Ergebnisse des Abschnitts zusammengefaßt sind und die außerdem vom Labor im Rahmen von internen Audits oder Bestandsaufnahmen eingesetzt werden kann.

Es sollte zwar nicht die Regel sein, es kann jedoch passieren, daß der Leser die eine oder andere seiner speziellen Fragen in diesem Kapitel 2 nicht beantwortet findet. Dies kann der Fall sein, wenn zum Beispiel seine Frage mit einer speziellen Prüfart zusammenhängt. In diesem Fall sollte er das Kapitel 4 konsultieren, wo zusätzliche Ausführungen zu speziellen Prüflabors enthalten sind. Wichtig kann in diesem Zusammenhang auch das Kapitel 3 sein, wo praktische Hinweise für das Vorgehen beim Aufbau eines QM-Systems enthalten sind. Es ist freilich nicht möglich gewesen, auf alle Aspekte einzugehen, die mit dem QM-System eines Prüflabors zusammenhängen und so wird wohl auch die eine oder andere spezielle Frage offen bleiben müssen.

2.1 Verantwortung der Leitung

2.1.1 Allgemeine Vorbemerkung

Das Thema "Verantwortung der Leitung" steht der Logik und seiner Bedeutung nach an der Spitze eines QM-Systems. Die EN 45001 fordert in Abschnitt 5.1: *"Das Prüflaboratorium muß einen technischen Leiter haben, der die Gesamtverantwortung für den technischen Betrieb des Prüflaboratoriums trägt."* Aus anderen Stellen der EN 45001 ergeben sich Anforderungen an die Organisation eines Prüflaboratoriums, an seine Unparteilichkeit, Unabhängigkeit, Integrität und rechtliche Identifizierbarkeit. Darüber hinaus gibt es zahlreiche Anforderungen bezüglich der Organisation von Prüfabläufen, Umgang mit Geräten und Proben, Verantwortlichkeiten für die klare Definition von Zuständigkeiten, Qualifikation und Schulung des Laborpersonals und vieles mehr. Nicht zuletzt sind hier auch die Zuständigkeiten für die Gesundheitsschutz- und Sicherheitsmaßnahmen zu nennen.

Die Leitung eines Prüflaboratoriums kann ihrer Gesamtverantwortung für diese unterschiedlichen Aspekte nur dann gerecht werden, wenn sie für eine klare

Aufbau- und Ablauforganisation sorgt, eine klare und verständliche Qualitätspolitik vorgibt und insgesamt für den Aufbau eines effizienten und "lebendigen" QM-Systems sorgt. Die Effizienz und Wirksamkeit des QM-Systems muß die Laborleitung in angemessenen Intervallen und auf angemessene Weise überprüfen und bewerten.

Die Laborleitung ist für das gesamte QM-System des Laboratoriums verantwortlich. Da sie sich jedoch naturgemäß nicht um alle Detailfragen kümmern kann, die beim täglichen Betrieb des Labors auftreten, muß es ihre oberste Sorgfaltspflicht sein, durch geeignete Maßnahmen und Regelungen einen ordnungsgemäßen Betrieb des Labors sicherzustellen.
In diesem Abschnitt beschäftigen wir uns mit der Erfüllung der Anforderungen, insofern sie direkt von der Laborleitung sicherzustellen sind. In anderen Abschnitten des Kapitels 2 werden dann weitere Elemente der Aufbau- und Ablauforganisation und andere Aspekte behandelt. Die im Anhang zu diesem Abschnitt wiedergegebenen Beispiele und Dokumente sollen bei der Umsetzung der gemachten Ausführungen behilflich sein.

Im Rahmen von Akkreditierungsverfahren wird dem Punkt "Verantwortung der Leitung" besondere Sorgfalt gewidmet. In der Regel beginnt eine Laborbegehung mit einer gemeinsamen Besprechung der Laborleitung, der QM-Beauftragten, eventueller Abteilungsleiter und den Laborbegutachtern. In dieser Besprechung muß die Laborleitung überzeugend darlegen können, daß sie den Aufgaben voll nachkommt, die ihrer Verantwortung entsprechen. Es sei hier nur am Rande erwähnt, daß gerade beim Element "Verantwortung der Leitung" in der Praxis häufig Schwachpunkte konstatiert werden müssen.

An dieser Stelle sei noch auf einen weiteren Sachverhalt hingewiesen, auf den im Abschnitt 2.5 näher eingegangen werden wird. Mit Hinblick auf seine Verantwortung muß vom Leiter einer Prüfeinrichtung ein erhebliches Maß an fachlicher Kompetenz und beruflicher Erfahrung gefordert werden. Die EN 45001 macht bezüglich der Anforderungen an Laborleiter keine dezidierten Angaben. Aus diesem Grund legen Akkreditierungsstellen ihrerseits das allgemeine Profil fest, wer nach ihrem Regelwerk als formell kompetent für die Leitung einer Prüfeinrichtung angesehen werden kann. In der Regel wird von einem Laborleiter ein abgeschlossenes Hochschulstudium in der entsprechenden Disziplin und eine sich anschließende mehrjährige Berufspraxis gefordert. Abweichungen von dieser Regel müssen dann von Fall zu Fall betrachtet werden. In einigen Fällen (z. B. zerstörungsfreie Werkstoffprüfung) liegen darüber hinaus allgemein anerkannte Vorschriften an die Qualifikationsanforderungen vor.

2.1.2 Qualitätspolitik

In der Qualitätspolitik eines Prüflaboratoriums werden seine allgemeinen Unternehmens- und Arbeitsgrundsätze, Vorgehensweisen und Zielsetzungen definiert. Es ist schon vorgekommen, daß zu einem Vertreter einer Akkreditierungsstelle im Rahmen eines Vorgespräches in einem Labor seitens der Laborleitung bemerkt wurde: "Unser QM-Handbuch und unsere Prüfanweisungen stehen soweit, nur einige Kleinigkeiten müssen noch getippt werden. Hier wären wir Ihnen dankbar, wenn Sie uns mal ein Muster für eine Qualitätspolitik zeigen könnten." Dazu muß festgestellt werden, daß diese Laborleitung die eigentliche Bedeutung der Qualitätspolitik als "Leitstern" und "Vision" für das Laboratorium noch nicht verstanden hatte. Die Qualitätspolitik ist - salopp gesagt - eine Aussage zu etwa folgenden Fragen:

- Wer sind wir als Labor xy?
- Was unterscheidet uns von anderen Laboratorien?
- Was wollen wir erreichen?
- Wie wollen wir es erreichen?
- Was erwarten unsere Auftraggeber von uns?

Man sollte bedenken, daß die Einführung eines QM-Systems in vielen Labors dazu beiträgt, ein neues Selbstverständnis und einen neuen Schwung zu finden. Die Formulierung der Qualitätspolitik sollte daher keineswegs nur als schlichte Erfüllung einer Anforderung aus der EN 45001 verstanden werden. Es geht vielmehr um die Formulierung der "Mission" des Prüflaboratoriums.

Im folgenden werden einige Grundsätze zusammengestellt, die bei der Formulierung und Umsetzung der Qualitätspolitik berücksichtigt werden sollten:

- Die Qualitätspolitik muß von der Leitung des Prüflaboratoriums formuliert und verabschiedet werden.

- Die Qualitätspolitik muß durch die Führungskräfte des Prüflaboratoriums aktiv und uneingeschränkt vorgelebt werden. Andernfalls besteht nämlich die Gefahr, daß sie sehr schnell von niemandem ernstgenommen wird.

- Die Qualitätspolitik ist für alle Mitarbeiter des Prüflaboratoriums verbindlich. Es ist deshalb nötig, daß die Qualitätspolitik entsprechend allen Mitarbeitern bekanntgemacht und erläutert wird. Dies sollte am besten bereits in einer frühen Phase des Aufbaus des QM-Systems geschehen. Es trägt nämlich stark dazu bei, das "WIR-Gefühl" unter den Mitarbeitern zu fördern.
  Die Qualitätspolitik muß so formuliert sein, daß sie für alle Mitarbeiter des Laboratoriums verständlich ist.

- Die Qualitätspolitik muß einerseits die Ziele des Prüflaboratoriums darstellen, aber auch die zu ihrem Erreichen eingesetzten Mittel und Vorgehensweisen.
  Als Stichworte hierzu wären u. a. zu nennen:

  Wie erfüllen wir Kundenanforderungen?

  Wie erreichen wir Fehlerverhütung durch beherrschte und zuverlässige Prüfverfahren?

  Wie und zu welchem Zweck arbeiten wir neue Prüfverfahren aus?

  ...

- Die Qualitätspolitik sollte auch auf die technischen, ökologischen, ökonomischen und sozialen Ziele und Grundsätze des Prüflaboratoriums eingehen.

- Die in der Qualitätspolitik des Prüflaboratoriums vorgegebenen Ziele müssen meßbar und erreichbar sein.

- Die Qualitätspolitik des Prüflaboratoriums ist in geeigneten Intervallen zu überprüfen und gegebenenfalls zu aktualisieren.

2.1.3 Organisation und QM-Beauftragte

2.1.3.1 Allgemeine Aussagen zur Organisation des Prüflaboratoriums

An verschiedenen Stellen der EN 45001 werden an die Leitung eines Prüflaboratoriums Anforderungen gestellt, die darauf abheben, für transparente Organisationsstrukturen und deren Dokumentation zu sorgen. Hierzu gehören in erster Linie eine klare Aufbau- und Ablauforganisation des Prüflaboratoriums, zu deren Darlegung und Dokumentation am besten Organigramme und Ablaufdiagramme verwendet werden.

Aus den Oganisationsorganigrammen muß eindeutig die Gliederung des Prüflaboratoriums in seine gegebenenfalls vorhandenen Standorte, Abteilungen und andere Organisationseinheiten hervorgehen. Wichtig ist auch die Darlegung des Umfeldes des Prüflaboratoriums (z. B. Zugehörigkeit zu einem Konzern, einem Produktions- oder Dienstleistungsbetrieb, einer Großforschungseinrichtung, einer Lehr- oder Forschungseinrichtung, usw.) und seiner rechtlichen Identifizierbarkeit (z. B. eigenständige GmbH, Teil einer Aktiengesellschaft, Teil einer Körperschaft des öffentlichen Rechts, usw.).
Organigramme und Zuständigkeitsmatrizen sind im Sinne der EN 45001 Dokumente und müssen daher dem Änderungsdienst unterliegen. Anders gesagt: Ein Organigramm oder eine Zuständigkeitsmatrix ohne Freigabevermerk und Datum ist ohne Relevanz.

Für alle Organisationseinheiten sind auf eindeutige Weise die Leitungsstrukturen festzulegen und zu dokumentieren. Das Prüflaboratorium muß darüber hinaus Organigramme oder andere Unterlagen vorhalten, aus denen die Zuordnung des Personals zu den einzelnen Organisationseinheiten (z. B. organisches und anorganisches Labor) zu entnehmen ist.

Nur bei sehr kleinen Labors sollten übrigens solche Organigramme Bestandteil des QM-Handbuches sein, da jede Änderung im Personalbestand oder in der Zuordnung des Personals zu einzelnen Organisationseinheiten eine entsprechende Änderung im QM-Handbuch notwendig machen würde. Dasselbe gilt für die Regelung von Zuständigkeiten (etwa mittels Zuständigkeitsmatrizen).

2.1.3.2 QM-Beauftragte

Verschiedene Verantwortlichkeiten, Zuständigkeiten und feinere Einzelheiten der Aufbau - und Ablauforganisation werden in den anderen Modulen des QM-Systems an den jeweils passenden Stellen dargelegt (vgl. hierzu die nachfolgenden Abschnitte des Kapitels 2).

In die direkte Verantwortung der Laborleitung fällt jedoch die Festlegung der Zuständigkeiten und Handlungsanweisungen für jene Personen, die mit den übergreifenden Fragen des Qualitätsmanagements betraut sind. In der EN 45001 heißt es hierzu in Abschnitt 5.4.2: *"Von der Leitung des Prüflaboratoriums sind ein oder mehrere Mitarbeiter zu benennen, die für die Qualitätssicherung innerhalb des Prüflaboratoriums verantwortlich sind und die direkten Zugang zur Geschäftsleitung haben."*
Neben den bereits genannten Organigrammen und Unterlagen zur Darlegung seiner Organisation muß daher das Prüflaboratorium auch solche Unterlagen vorhalten, aus der die Namen und die Kompetenzen der Personen zu entnehmen sind, die im Namen der Laborleitung in dem genannten Sinne für QM-Aufgaben zuständig sind.

Die Leitung des Prüflaboratoriums muß sicherstellen, daß die von ihr benannten QM-Beauftragten die notwendige Kompetenz in den allgemeinen Fragen des QM und auch in technischen Fragen für jene Laborbereiche haben, die in ihre jeweilige Zuständigkeit als QM-Beauftragte fallen. Sie müssen darüber hinaus auch die nötige Unabhängigkeit und Unparteilichkeit haben, die von der Laborleitung sicherzustellen und zu überprüfen ist.
Sollten die QM-Beauftragten - wie meistens der Fall - neben ihrer Funktion als QM-Beauftragte der Laborleitung noch andere Aufgaben im Prüflaboratorium wahrnehmen, so ist sicherzustellen, daß sie in Angelegenheiten und Problemen des QM den direkten Zugang zur Laborleitung haben. Diese Festlegung ist wichtig, da nämlich bezüglich der genannten sonstigen Aufgaben der QM-Beauftragten der direkte Zugang zur Laborleitung nicht notwendig gegeben sein muß.
In den Fällen, wo ein QM-Beauftragter auch Aufgaben im Prüflaboratorium im Rahmen von Prüfungen wahrnimmt, muß die Laborleitung sicherstellen, daß es nicht zu Interessenskollisionen kommt. Bei solchen Konstellationen ist sicherzustellen, daß der QM-Beauftragte in Fragen des QM nicht alleine für seinen eigenen Laborbereich zuständig ist.

Aus der Praxis ist der Laborleitung zu empfehlen, bei der Auswahl der QM-Beauftragten entsprechende Sorgfalt walten zu lassen und neben den rein fachlichen auch psychologische Merkmale der Kandidaten zu berücksichtigen. Ein QM-Beauftragter sollte kommunizieren können und er sollte die Fähigkeit haben, sich durchzusetzen. Schließlich ist er für die Umsetzung der von der Laborleitung definierten Qualitätspolitik wesentlich mitverantwortlich. Der QM-Beauftragte hat auch wichtige Kontrollfunktionen in allen Bereichen des Laborbetriebes wahrzunehmen. Es wäre daher nicht zweckmäßig, einen "intelligenten Einzelgänger" zum QM-Beauftragten zu berufen oder eine Person, die, aus welchen Gründen auch immer, vom Laborpersonal nicht akzeptiert wird.

Sollte es im Laboratorium eine Hierarchie von QM-Beauftragten geben, so sind die jeweiligen Zuständigkeiten und Kompetenzen der betroffenen Personen von der Laborleitung genau festzulegen und zu dokumentieren. Eine solche Aufteilung von Aufgaben auf verschiedene QM-Beauftragte ist in der Regel dann zu empfehlen, wenn die Größe oder die räumliche Anordnung des Labors dies nahelegen, oder wenn die Art der Aufgaben dies fordert. Wenn in einem Laboratorium in verschiedenen Abteilungen zum Beispiel einerseits analytische Chemie, andererseits aber auch mechanisch-technologische Werkstoffprüfungen durchgeführt werden, so ist die fachliche Kompetenz auch in QM-Fragen in der Regel nicht mehr von einer Person sicherzustellen. In solchen Fällen ist zu empfehlen, daß dem QM-Beauftragten noch Personen aus den Fachabteilungen zur Verfügung stehen, die dort für die Umsetzung qualitätsrelevanter Aufgaben zuständig sind.

2.1.3.3 Unparteilichkeit, Unabhängigkeit und Integrität des Prüflaboratoriums

Im Abschnitt 4 stellt die EN 45001 folgende Forderungen bezüglich der Unparteilichkeit, Unabhängigkeit und Integrität eines Prüflaboratoriums auf, zu denen eine Aussage im QM-Handbuch gemacht werden muß. Es ist zweckmäßig, dies unter dem Element "Verantwortung der Leitung" zu tun. Die Forderungen lauten:
"Das Prüflaboratorium und sein Personal müssen frei von jeglichen kommerziellen, finanziellen und anderen Einflüssen sein, die ihr technisches Urteil beeinträchtigen könnten. Jegliche Einflußnahme außenstehender Personen oder Organisationen auf die Untersuchungs- und Prüfergebnisse muß ausgeschlossen sein. Das Prüflaboratorium darf sich nicht mit Tätigkeiten befassen, die das Vertrauen in die Unabhängigkeit der Beurteilung und Integrität bezüglich seiner Prüftätigkeiten gefährden könnten. Die Vergütung des zu Prüftätigkeiten eingesetzten Personals darf weder von der Anzahl der durchgeführten Prüfungen noch von deren Ergebnis abhängen. Werden Erzeugnisse von Stellen (z.B. Herstellern) geprüft, die auch an deren Entwicklung, Herstellung oder Verkauf beteiligt sind, muß eine klare Trennung der Verantwortung sichergestellt und eine entsprechende Aussage gemacht werden."

Es handelt sich hierbei um eine sehr weitreichende Anforderung und es muß festgestellt werden, daß ihre Einhaltung in der Praxis nicht immer ganz leicht zu überprüfen ist. Im "Geiste der EN 45001" ist ein Prüflaboratorium - salopp gesagt - eine Einrichtung, in die auf der einen Seite Proben hineingehen und auf der anderen Seite Prüfberichte herauskommen, die der Form nach mit den Anforderungen der EN 45001 konform sind. Dazwischen darf im Prüflaboratorium nichts geschehen, was die fachliche Kompetenz irgendwie beeinträchtigen könnte.
Befindet sich ein Prüflaboratorium in einem Herstellerbetrieb, so besteht zunächst einmal die Vermutung, daß es hier zu Interessenskollisionen kommen kann, wenn Produkte des Herstellerbetriebes selbst geprüft werden. Letzterer muß daher durch entsprechende Maßnahmen sicherstellen, daß diese Vermutung unbegründet ist. In der Regel geschieht dies durch eine entsprechende organisatorische Anordnung des Laboratoriums in dem Betrieb, ergänzt durch überzeugende Regelungen in der Auf- und Ablauforganisation. Das Prüflaboratorium muß eine hinlängliche Autonomie bezüglich seiner Tätigkeiten haben und der Leiter des

Prüflabors darf nicht weisungsgebunden bezüglich seiner Arbeit als Laborleiter sein.
In der Praxis wird man jede individuelle Situation neu bewerten müssen und es ist zu empfehlen, daß sich ein Labor frühzeitig an eine Akkreditierungsstelle wendet, wenn es hier Unsicherheiten hat und eine Akkreditierung anstrebt.
Es wäre übrigens falsch, zu glauben, daß selbständige Prüflaboratorien von den oben genannten Anforderungen der EN 45001 nicht betroffen sein können. Gesetzt den Fall, ein Laboratorium für Umweltanalytik erhält zum Beispiel 70% seiner Aufträge von einem und demselben Auftraggeber, so ist auch hier eine überzeugende Aussage bezüglich seiner Unabhängigkeit wichtig.

2.1.3.4 Bereitstellung von Mitteln für das QM-System

Die Laborleitung muß den Bedarf an finanziellen und personellen Mitteln feststellen, die zur Durchführung der notwendigen QM-Maßnahmen gebraucht werden und diese Mittel in angemessenem Umfang bereitstellen. Es ist wichtig, daß die Laborleitung zu diesem Punkt eine explizite Aussage macht. Es liegt nämlich auf der Hand, daß zum Beispiel eine Akkreditierung des Prüflabors für bestimmte Prüfgebiete entsprechende Kosten und zeitlichen Aufwand für qualitätssichernde Maßnahmen im Labor bedeutet (z. B. vorgeschriebene Teilnahme an Ringversuchen). Die Laborleitung muß entscheiden und darlegen, daß sie die Mittel bereitstellen wird, die für solche Maßnahmen benötigt werden.
Im Rahmen eines Akkreditierungsverfahrens schließt das Prüflaboratorium mit der Akkreditierungsstelle einen Vertrag ab. In diesem Vertrag wird in der Regel auf Mindestmaßnahmen verwiesen, die ein akkreditiertes Prüflaboratorium durchführen muß.

2.1.4 Bewertung des QM-Systems

In Abschnitt 5.4.2 der EN 45001 heißt es: *"Das Qualitätssicherungssystem ist systematisch und regelmäßig von oder im Namen der Leitung zu überwachen, um die dauerhafte Wirksamkeit der Abläufe und die Einleitung von notwendigen korrigierenden Maßnahmen sicherzustellen. Diese Überwachungen sind zusammen mit Einzelheiten über alle getroffenen korrigierenden Maßnahmen aufzuzeichnen."*

Mit Hinblick darauf, daß die Laborleitung persönlich für die Effizienz des QM-Systems des Prüflaboratoriums verantwortlich ist, wird sie naturgemäß schon von sich aus das Interesse haben, diese Effizienz zu überwachen. Die EN 45001 legt eigentlich nur noch fest, daß die Laborleitung zu dieser Überwachung verpflichtet ist.
Die EN 45001 legt im einzelnen nicht fest, wie die Bewertung des QM-Systems zu erfolgen hat und die Laborleitung hat hier entsprechend viel kreativen Spielraum. Es gibt jedoch einige Mindestkriterien, die eingehalten werden sollten:

- Die Laborleitung muß die Organisation und die Abläufe für die Überprüfung und Bewertung des QM-Systems festlegen.

- Die Laborleitung muß die Kriterien und Termine für die Überprüfung und Bewertung des QM-Systems festlegen.
  Hierbei sind zum Beispiel die Ergebnisse der durchgeführten internen Audits heranzuziehen, Auswertungen von Beschwerdeverfahren, Auswertungen von geeignet definierten Qualitätskennzahlen, Aussagen zu Qualitätskosten, Ergebnisse von Ringversuchen usw..

- Die Laborleitung muß über die Bewertung des QM-Systems Aufzeichnungen anfertigen und aufbewahren.

Es ist festzuhalten, daß die Bewertung des QM-Systems für die Laborleitung mit das wichtigste Instrument darstellt, eine ordnungsgemäße Leitung des Prüflabors sicherzustellen und fachliche und geschäftspolitische Entscheidungen auf eine sichere Grundlage zu stellen.

2.1.5 Checkpunkte zur Verantwortung der Leitung

Nr.	Fragen	Bemerkungen
1-1	Verfügt das Prüflaboratorium über einen technischen Leiter, der die Gesamtverantwortung für den technischen Betrieb des Labors besitzt?	
1-2	Gibt es eine Hierarchie oder Aufgabenteilung unter den leitenden Mitarbeitern des Prüflabors und sind die daraus resultierenden Zuständigkeiten schriftlich und widerspruchsfrei geregelt und dokumentiert?	
1-3	Sind Regelungen für die Stellvertretung des technischen Leiters und der anderen leitenden Mitarbeiter getroffen?	
1-4	Besitzen der Leiter des Prüflaboratoriums, sein Stellvertreter und die übrigen leitenden Mitarbeiter die für ihre Tätigkeit notwendige fachliche Kompetenz und berufliche Erfahrung?	
1-5	Liegen aktuelle, genehmigte und dem Änderungsdienst unterliegende Organigramme über den Aufbau des Prüflabors vor?	
1-6	Liegen aktuelle, genehmigte und dem Änderungsdienst unterliegende Unterlagen über die Zuordnung der einzelnen Mitarbeiter des Prüflabors zu den diversen Organisationseinheiten vor?	

H. Kohl, Qualitätsmanagement im Labor

ISBN 3-540-58100-6

Nr.	Fragen	Bemerkungen
1-7	Besitzt das Prüflabor eine Qualitätspolitik und ist diese durch die Laborleitung verabschiedet worden?	
1-8	Ist die Qualitätspolitik allen Mitarbeitern des Prüflabors bekannt?	
1-9	Wurde von der Laborleitung ein QM-Beauftragter eingesetzt und ist der Umfang seiner Aufgaben und Kompetenzen genau festgelegt und schriftlich dokumentiert?	
1-10	Gibt es eine Hierarchie von QM-Beauftragten und sind in diesem Fall deren Zuständigkeiten, Befugnisse und Aufgaben genau festgelegt und schriftlich dokumentiert?	
1-11	Liegt eine schriftliche Aussage zur Unparteilichkeit, Unabhängigkeit und Integrität des Prüflabors vor und ist diese überzeugend und akzeptabel?	
1-12	Sind Regelungen getroffen, nach denen die Leitung des Prüflaboratoriums regelmäßig eine Bewertung des QM-Systems vornimmt und werden über die durchgeführten Bewertungen entsprechende Aufzeichnungen geführt?	
1-13	Stellt die Laborleitung angemessene und ausreichende Mittel für den Aufbau und den Unterhalt des QM-Systems zur Verfügung?	

H. Kohl, Qualitätsmanagement im Labor

ISBN 3-540-58100-6

Nr.	Fragen	Bemerkungen
1-14	Steht die Laborleitung aktiv und überzeugend hinter den QM-Maßnahmen des Labors?	
1-15	Erfüllen die als Laborleiter, leitendes Personal und QM-Beauftragte eingesetzten Personen alle gesetzlichen Anforderungen an diese Personen?	
1-16	Erfüllen die als Laborleiter, leitendes Personal und QM-Beaurtragte eingesetzten Personen alle vertraglich festgelegten Anforderungen von Auftraggebern an das Labor?	

H. Kohl, Qualitätsmanagement im Labor

ISBN 3-540-58100-6

2.1.6 Formblätter und Beispiele

Abbildung 2.1-1:

Dieses Organigramm skizziert beispielhaft die organisatorische Aufhängung eines Betriebslabors in einem Herstellerbetrieb. Wie im Text des Abschnitts 2.1 dargestellt wurde, muß im Rahmen eines Akkreditierungsverfahrens das Prüflabor eines Herstellerbetriebes eine hinlängliche Selbständigkeit nachweisen können.

Abbildung 2.1-2:

Dieses Organigramm soll illustrieren, wie auf einfache und transparente Weise die Leitungs- und Vertretungsfunktionen für einzelne Prüfbereiche herausgestellt werden können. Gleichzeitig deutet sie die Aufhängung der QM-Beauftragten an.

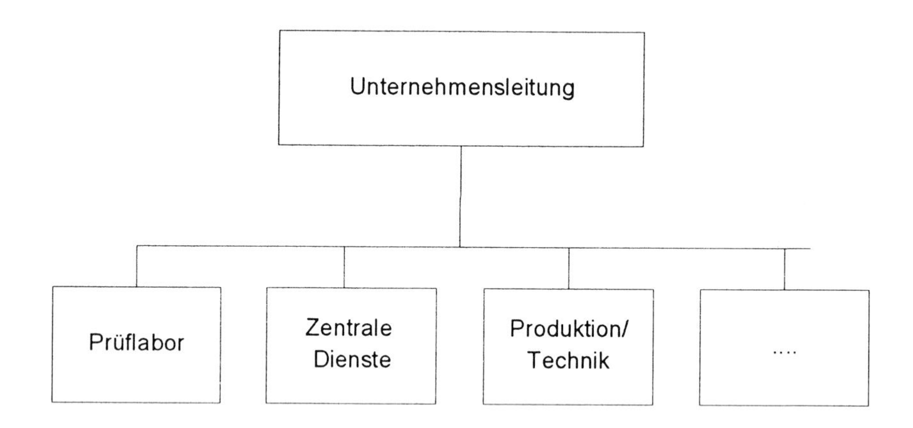

Abbildung 2.1-1: Typische Eingliederung eines Betriebslabors in einen Herstellerbetrieb

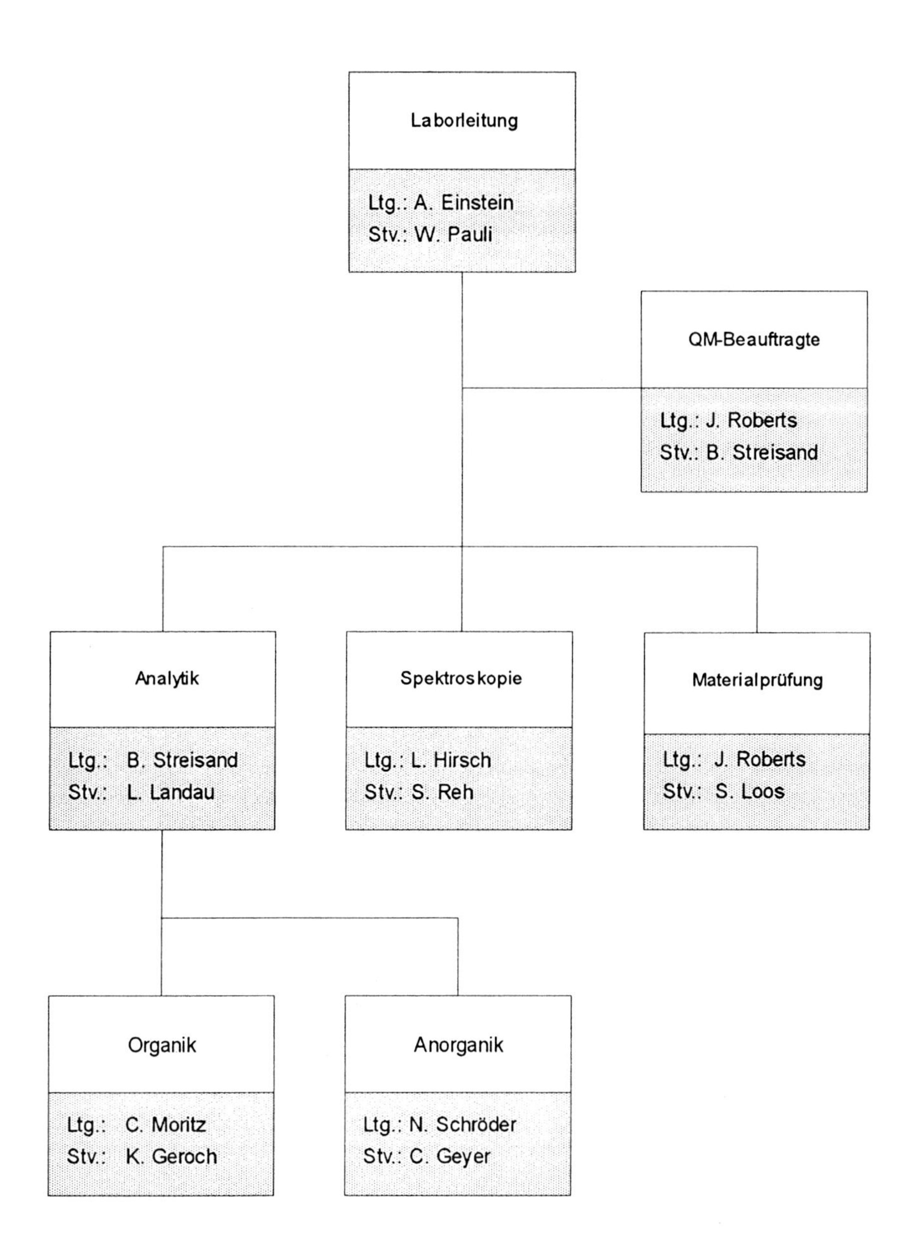

Abbildung 2.1-2: Übersichtsorganigramm eines Labors mit Ausweis der Abteilungs- und Gruppenleiter und deren Stellvertreter

2.2 Qualitätsmanagementsystem

2.2.1 Allgemeine Vorbemerkung

In Abschnitt 5.4.2 der EN 45001 werden die Anforderungen an ein "Qualitätssicherungssystem" definiert. Die Ausführungen lauten:

"Das Prüflaboratorium hat ein Qualitätssicherungssystem zu betreiben, das der Art, der Bedeutung und dem Umfang der durchzuführenden Arbeiten angemessen ist. Die Elemente dieses Systems müssen in einem Qualitätssicherungs-Handbuch festgehalten sein, das den Mitarbeitern des Prüflaboratoriums zur Verfügung steht. Das Qualitätssicherungs-Handbuch muß durch einen als verantwortlich benannten Mitarbeiter des Prüflaboratoriums auf dem neuesten Stand gehalten werden.
Von der Leitung des Prüflaboratoriums sind ein oder mehrere Mitarbeiter zu benennen, die für die Qualitätssicherung innerhalb des Prüflabortoriums verantwortlich sind und die direkten Zugang zur Geschäftsleitung haben.
Das Qualitätssicherungs-Handbuch muß mindestens enthalten:

a) Aussage zur Qualitätspolitik;

b) Aufbau des Prüflaboratoriums (Organigramm);

c) Aufgaben und Kompetenzen zur Qualitässicherung, damit für jede betroffene Person Umfang und Grenzen ihrer Verantwortlichkeit klar sind;

d) allgemeine Abläufe der Qualitätssicherung;

e) gegebenenfalls spezielle Abläufe der Qualitätssicherung für jede einzelne Prüfung;

f) gegebenenfalls Bezugnahme auf Eignungsprüfungen, Verwendung von Referenzmaterial;

g) ausreichende Vorkehrungen für den Informationsrückfluß und für korrigierende Maßnahmen, wenn Unstimmigkeiten bei Prüfungen festgestellt werden;

h) Verfahren zur Behandlung von Beanstandungen.

Das Qualitätssicherungssystem ist systematisch und regelmäßig von oder im Namen der Leitung zu überwachen, um die dauerhafte Wirksamkeit der Abläufe und die Einleitung von notwendigen korrigierenden Maßnahmen sicherzustellen. Diese Überwachungen sind zusammen mit Einzelheiten über alle getroffenen korrigierenden Maßnahmen aufzuzeichnen."

In diesem Abschnitt beschäftigen wir uns mir der Festlegung der Strukturen eines QM-Systems und mit seiner Dokumentation im QM-Handuch, den Verfahrens- und Arbeitsanweisungen. Außerdem gehen wir auf Aspekte der Qualitätsplanung zum QM-System, Qualitätskosten, interne Audits und das Beschwerdeverfahren ein.
An dieser Stelle sei auf den Abschnitt 3.2 verwiesen, wo die Schritte beim Aufbau eines QM-Systems im Labor der Reihe nach besprochen werden. Die Beschreibung der Aufgaben der QM-Beauftragten ist bereits im Abschnitt 2.1 gegeben worden.

2.2.2 Aufbau des QM-Systems

Das QM-System eines Prüflabors ist vollständig und schriftlich zu dokumentieren und die Dokumentation ist auf dem neuesten Stand zu halten. Ein genormtes QM-System gibt es nicht. Die Anforderungen der EN 45001 oder anderer QM-Standards sind vielmehr als Mindestanforderungen zu verstehen. Die Aufgabe des Prüflabors ist es, sein QM-System und die zugehörige QM-Dokumentation so zu gestalten, daß es einerseits der EN 45001 und etwaiger zusätzlicher Anforderungen an das Labor und den gesetzlichen Vorgaben genügt. Darüber hinaus sollte aber das QM-System eines Labors alle jene Elemente und Aspekte mit umfassen, die das Labor für sich als wesentlich definiert und die zur Erreichung der spezifischen Anforderungen und Zielsetzungen des Labors sinnvoll sind.

Es ist im Auge zu behalten, daß das QM-System ein Führungsinstrument ist. Das QM-System ist nicht Selbstzweck, sondern dient der Sicherung der Qualitätsfähigkeit des Labors. Die QM-Dokumentation stellt die qualitätssichernden Maßnahmen des Labors geordnet und systematisch dar. Wie bereits im Abschnitt 2.1 angedeutet wurde, ist letztlich die Leitung des Prüflabors verantwortlich für die Funktionsweise und Effizienz des QM-Systems. Die Darlegung des QM-Systems geschieht in der Regel auf drei Dokumentationsebenen, wie sie in der Tabelle 2.2-1 veranschaulicht sind.

QM-Dokument	Beschreibung
QM-Handbuch	Im QM-Handbuch ist die Aufbau- und Ablauforganisation des Prüflaboratoriums dargelegt. Es enthält die Beschreibung des QM-Systems und die Darlegung der qualitätsrelevanten Abläufe und Zuständigkeiten. Das QM-Handbuch verweist aus seinen unterschiedlichen Abschnitten auf die Verfahrens- und Arbeitsanweisungen.
Verfahrens-anweisungen	Verfahrensanweisungen sind verbindliche Richtlinien mit der Zielsetzung, die allgemeinen Festlegungen im QM-Handbuch im Detail darzulegen und zu ergänzen. Verfahrensanweisungen haben häufig den Charakter von Durchführungsbestimmungen für die im QM-Handbuch gemachten Festlegungen. Verfahrensanweisungen haben internen Charakter und werden in der Regel nicht an Außenstehende ausgehändigt. Sie müssen jedoch der Akkreditierungsstelle auf Wunsch zur Einsicht und Beurteilung vorgelegt werden.

Tabelle 2.2-1: Die drei Dokumentationsebenen eines QM-Systems

QM-Dokument	Beschreibung
Arbeits-anweisungen	Arbeitsanweisungen werden in Prüflaboratorien dort eingesetzt, wo es für bestimmte Tätigkeiten nötig erscheint, dem Personal detaillierte Handlungsanweisungen zu geben, die über die im QM-Handbuch und in den Verfahrensanweisungen gemachten Aussagen und Regelungen hinausgehen. Zu den Arbeitsanweisungen gehören Analysemethoden, Anweisungen für die Probenahme, für die Kalibrierung von Prüfgeräten, für die Reinigung von Arbeitsplätzen und vieles mehr. Es muß beachtet werden, daß einige Akkreditierungs- und Zulassungsstellen das Vorhandensein von bestimmten Arbeitsanweisungen (SOP - Standard Operation Procedure) explizit fordern.

Tabelle 2.2-1: Die drei Dokumentationsebenen eines QM-Systems - Fortsetzung -

2.2.3 QM-Handbuch

Das QM-Handbuch ist gewissermaßen das "Grundgesetz" des Labors in Sachen QM. Es dient sowohl dem Laborpersonal, als auch anderen interessierten Personen und Institutionen als Führer durch das QM-System des Labors. Es ist daher selbstverständlich, daß das QM-Handbuch Hinweise zu seinem eigenen Aufbau, seine Verwendung, Ziel und Zweck sowie seinen Anwendungs- und Gültigkeitsbereich enthalten muß. Zur Definition und Regelung dieser Aspekte sollte das QM-Handbuch einen eigenen Abschnitt vorsehen.

Es ist wichtig, dem QM-Handbuch eine für die Bedürfnisse des Labors zweckmäßige Gliederung in Kapitel zu geben und jedes Kapitel entsprechend weiter in Abschnitte zu untergliedern. Die Gestaltung der Deckblätter zu den Kapiteln und der Standardseiten des QM-Handbuches ist festzulegen und zu beschreiben.

Es ist zweckmäßig, in jedem Kapitel die Seiten separat von 1 bis N zu numerieren, da dies die Pflege und die Aktualisierung des QM-Handbuches wesentlich erleichtert. Im Falle von notwendigen Änderungen genügt es dann, nur die betroffenen Kapitel des QM-Handbuches anzugreifen.
Es ist wichtig, daß die Seitennumerierung nach folgendem Muster erfolgt:
Seite n von N (n = 1,2,...N). Dadurch wird die gesamte Seitenzahl des entsprechenden Handbuchkapitels klar ersichtlich. Eventuell fehlende Seiten können leicht identifiziert werden.
In der Abbildung 2.2-1 ist ein Beispiel für die mögliche Gestaltung für das QM-Handbuch wiedergegeben. Die Tabelle 2.2-2 gibt hierzu Erläuterungen.
Jedes Kapitel des QM-Handbuches sollte nach einer festen Gliederung aufgebaut werden. Die Tabelle 2.2-3 gibt hierzu einige Hinweise.

Elemente der Titelseite eines Kapitels des QM-Handbuches	Erläuterung
Kopfleiste	Es ist zweckmäßig, in der Kopfleiste anzugeben, um welches Dokument - hier ein Kapitel des QM-Handbuches - es sich handelt. Daneben sollte auch der Name des Labors und/oder dessen LOGO mit aufgeführt werden.
Titel des QM-Handbuchkapitels	In einem separaten Feld sollte die Bezeichnung des jeweiligen Kapitels des QM-Handbuches aufgeführt werden.
Vermerk: "Erstellt"	Jedes Kapitel des QM-Handbuches wird in der Praxis federführend von einer Person erstellt. Diese Person sollte in dem schraffiert ausgewiesenen Feld mit ihrem Namen unterschreiben.
Vermerk: "Geprüft"	Jedes erstellte Kapitel eines QM-Handbuches wird vor seiner Freigabe auf Vollständigkeit und Richtigkeit geprüft. Die mit dieser Aufgabe betraute Person sollte in dem schraffierten Feld mit ihrem Namen unterschreiben.
Vermerk: "Freigegeben"	Ist ein Kapitel des QM-Handbuches geprüft und für in Ordnung befunden worden, so wird es von einer dazu autorisierten Person (in der Regel dem Laborleiter) in Kraft gesetzt. Dies geschieht mit der Unterschrift im schraffierten Feld.

Tabelle 2.2-2: Zur Gestaltung der Titelseiten im QM-Handbuch (Vorschlag)

Elemente der Titelseite eines Kapitels des QM-Handbuches	**Erläuterung**
Vermerk: "Version / Gültig ab:"	Ein freigegebenes Kapitel des QM-Handbuches wird zu einem zu definierendem Zeitpunkt in Kraft gesetzt. Es ist übrigens nicht nötig, daß alle Kapitel des QM-Handbuches oder alle Abschnitte ab dem gleichen Zeitpunkt gültig werden. Gerade bei der Einführung eines QM-Systems können einzelne Bereiche oder Abschnitte nacheinander in Kraft gesetzt werden. Im Laufe der Zeit werden die einzelnen Kapitel einer Revision unterzogen werden müssen, um die notwendigen Änderungen einzubauen. Der Index "Version" ist eine natürliche Zahl, die zur Abzählung des Änderungsstandes der einzelnen Kapitel dient.
Vermerk: "Datei"	Die einzelnen Kapitel des QM-Handbuches und andere Dokumente werden heute durchgängig mit Textverarbeitungsprogrammen und anderen Hilfsmitteln erstellt. Es versteht sich von selbst, daß diese Dokumente auf entsprechenden elektronischen Datenträgern gesichert und unter Verschluß genommen werden. Es ist sinnvoll, die Dateinamen auf den Dokumenten selbst anzugeben.
Seitenzählung	Wie bereits im Text beschrieben, sind die Seiten der Dokumente nach dem Muster "Seite n von N" durchzuzählen.

Tabelle 2.2-2: Zur Gestaltung der Titelseiten im QM-Handbuch (Vorschlag) - Fortsetzung -

Qualitätsmanagementhandbuch	T+K Labor

Titel des Handbuchkapitels ...

Erstellt:	
Geprüft:	
Freigegeben:	
Version / Gültig ab:	
Datei:	
Seite:	

Abbildung 2.2-1: Titelblatt für Kapitel bzw. Abschnitte des QM-Handbuches

Gliederungspunkt	**Erläuterung**
1. Ziel und Zweck	Unter diesem Gliederungspunkt sind das Ziel und der Zweck des betreffenden Kapitels des QM-Handbuches zu beschreiben. Eine mögliche Formulierung könnte etwa sein: "Dieses Kapitel beschreibt die allgemeinen Grundsätze und die Funktionsweise des QM-Systems des T+K-Labors. Außerdem wird das Konzept für die Dokumentation der QM-Dokumente dargestellt. ...usw."
2. Gültigkeitsbereich	Es ist wichtig, den Gültigkeitsbereich des entsprechenden Kapitels des QM-Handbuches zu definieren. Dieser Gültigkeitsbereich kann das gesamte Labor, oder aber auch nur bestimmte Abteilungen oder Standorte des Labors sein. Eine mögliche Formulierung könnte sein: "Die in diesem Kapitel gemachten Aussagen und getroffenen Regelungen gelten für alle Organisationseinheiten des T+K-Labors und die in diesen Einheiten beschäftigten Personen."
3. Definitionen	Es kann zweckmäßig oder notwendig sein, verwendete und nicht allgemein geläufige Begriffe zu definieren.
4. Abläufe und Zuständigkeiten	Unter diesem Gliederungspunkt, der natürlich noch weiter unterteilt werden kann, sind die eigentlichen Inhalte des betreffenden Kapitels des QM-Handbuches dargelegt. Die Darlegung umfaßt in der Regel Text, Ablaufdiagramme und Zuständigkeitsmatrizen, so wie sie an anderen Stellen des vorliegenden Buches vorgestellt werden.

Tabelle 2.2-3: Gliederungspunkte eines Kapitels des QM-Handbuches (Vorschlag)

Gliederungspunkt	Erläuterung
5. Mitgeltende Unterlagen	Unter diesem Gliederungspunkt wird auf Dokumente verwiesen, welche die Ausführungen des betreffenden Kapitels des QM-Handbuches ergänzen. Dabei kann es sich um Verfahrensanweisungen, Arbeitsanweisungen, Normen und andere Dokumente handeln.

Tabelle 2.2-3: Gliederungspunkte eines Kapitels des QM-Handbuches (Vorschlag)
- Fortsetzung -

2.2.4 Verfahrens- und Arbeitsanweisungen

Die Bedeutung und Rolle von Verfahrens- und Arbeitsanweisungen wurde bereits unter Abschnitt 2.2.2 skizziert. Das Prüflabor muß ein klares und transparentes Konzept ausarbeiten, wie die QM-Dokumentation auf das QM-Handbuch, die Verfahrens- und die Arbeitsanweisungen verteilt werden soll. Bereits in der Konzeptphase zum Aufbau eines QM-Sytems ist zu erfassen, zu welchen Themen und in welchen Bereichen bereits Verfahrens- und Arbeitsanweisungen im Labor existieren und welche noch erstellt werden müssen. Gleichzeitig sollte eine systematische Klassifizierung und Ordnung der Verfahrens- und Arbeitsanweisungen durchgeführt werden.
Es ist sinnvoll, für beide Dokumentenarten jeweils ein einheitliches, zweckmäßiges und einprägsames Erscheinungsbild zu wählen. In der Abb. 2.2-2 wird hierzu ein Vorschlag für das Titelblatt einer Verfahrensanweisung gemacht. Für die auf diesem vorgesehenen Informationen gelten die im Abschnitt 2.2.3 gemachten Bemerkungen analog. Das Labor muß eine Übersicht über die gültigen Verfahrens- und Arbeitsanweisungen ausarbeiten und auf dem aktuellen Stand halten.

Prüfanweisungen und Kalibrieranweisungen sind eine besonders wichtige Gruppe von Anweisungen im Prüflabor. Auf sie wird in den Abschnitten 2.6 bzw. 2.4 gesondert eingegangen.
In der Praxis ist es zweckmäßig, die generelle Vorgehensweise und die Zuständigkeiten bei der Erstellung und Gestaltung von Verfahrensanweisungen möglichst einheitlich zu gestalten. Es ist daher notwendig, eine Verfahrensanweisung zur Erstellung von Verfahrensanweisungen zu erstellen, welche die damit zusammenhängenden Fragen einheitlich und verbindlich regelt.

Im Rahmen von Laborbegehungen ist die Frage der Begutachter nach der Verfahrensanweisung zur Erstellung von Verfahrensanweisungen gewissermaßen eine Master-Frage. Um so erstaunlicher, daß diese Anweisung häufig fehlt.

Verfahrensanweisung	T+K Labor

Titel der Verfahrensanweisung ...

Erstellt:	
Geprüft:	
Freigegeben:	
Version / Gültig ab:	
Datei:	
Seite:	

Abbildung 2.2-2: Titelblatt für eine Verfahrensanweisung

2.2.5 Qualitätsplanung zum QM-System

Ein gut funktionierendes und auf die Bedürfnisse und Gegebenheiten des Labors zugeschnittenes QM-System muß geplant und ständig fortentwickelt werden. Die Maßnahmen hierzu sind vielfältig und durchziehen das gesamte Labor. Es ist zweckmäßig, in einem eigenen Unterabschnitt des QM-Handbuches die Maßnahmen, Abläufe und Zuständigkeiten zusammenfassend darzustellen, wie im Labor die Qualitätsplanung zum QM-System stattfindet.
Dabei ist es durchaus akzeptabel, wenn dieser Punkt durch einen kommentierten Verweis auf existierende einschlägige Verfahrens- und Arbeitsanweisungen abgehandelt wird. Es sollte jedoch klar herausgearbeitet werden, wie im Labor eine ständige Optimierung des QM-Systems geplant und betrieben wird.

2.2.6 Interne Audits

Aus dem unter Abschnitt 2.2.1 wiedergegebenen Zitat aus dem Abschnitt 5.4.2 der EN 45001 ergibt sich, daß das QM-System des Labors regelmäßig von oder im Auftrag der Laborleitung zu überwachen und auf seine Wirksamkeit hin zu überprüfen ist. Eine wesentliche Methode zur Überwachung des QM-Systems sind die internen Audits, welche in zweckmäßigen Abständen und planmäßig in allen Einheiten des Labors durchzuführen sind.
Bei der Planung und Durchführung von internen Audits sollte man Formblätter einsetzen. Der Abschnitt 2.2.9 enthält hierzu einige Vorschläge und Anregungen. Auch die diversen Checklisten dieses Buches können im Rahmen von internen Audits eingesetzt werden. Das Audit selbst ist den betroffenen Laboreinheiten rechtzeitig bekanntzugeben. Das Audit einer bestimmten Laborgruppe darf nicht von Mitarbeitern aus dieser Laborgruppe selbst durchgeführt werden, da dies die Objektivität der Beurteilung beeinträchtigen kann. Es ist darauf zu achten, daß die zur Auditierung eines Bereiches eingesetzten Personen ausreichende Kenntnis von Audittechniken haben und mit den in dem betreffenden Laborbereich durchgeführten Prüfverfahren hinlänglich vertraut sind.

Interne Audits können unterschiedlich angelegt werden. Es kann sich auf der einen Seite um reine Systemaudits handeln, im Rahmen deren es um eine Überprüfung der Einhaltung allgemeiner QM-Richtlinien geht. Parallel hierzu sollten aber regelmäßig auch Verfahrensaudits im Labor durchgeführt werden, um den korrekten und optimalen Einsatz von Prüfverfahren und Prüfgeräten zu überprüfen. Gerade bei Verfahrensaudits ist naturgemäß die fachliche Kompetenz der Auditoren in den jeweiligen Prüfgebieten gefragt. Es kann vorteilhaft sein, in solche Audits externe Auditoren mit einzubinden, um eine gewisse "Betriebsblindheit" zu überwinden. In solchen Fällen ist natürlich sicherzustellen, daß die wirtschaftlichen Interessen des Labors keinen Schaden nehmen.

In der Regel werden die internen Audits für ein Jahr im voraus geplant. Dabei werden die zu auditierenden Bereiche, Termine und die Auditoren festgelegt und die betroffenen Laborbereiche informiert. Über alle durchgeführten Audits werden Aufzeichnungen angefertigt und archiviert. In der Regel sehen Akkreditierungsstellen solche internen Auditberichte ebenfalls ein. Die im Rahmen von internen Audits gefundenen Mängel werden schriftlich festgehalten und es werden mit den verantwortlichen Labormitarbeitern Korrekturmaßnahmen und Termine für ihre Umsetzung abgestimmt. Auch hierüber werden Aufzeichnungen angefertigt. Die Umsetzung der Korrekturmaßnahmen wird in der Regel vom QM-Beauftragten des Labors überwacht, der auch der Laborleitung über die durchgeführten Maßnahmen regelmäßig Bericht erstattet. Die Ergebnisse der internen Audits und die durchgeführten Korrekturmaßnahmen sind wichtige Elemente bei der Bewertung des QM-Systems durch die Geschäftsleitung (s. Abschn. 2.1).

2.2.7 Qualitätskosten

Die EN 45001 und auch andere QM-Standards für Prüflaboratorien fordern keine Erfassung und systematische Bewertung der Qualitätskosten im Labor. Die Normenreihe ISO 9000 weist dagegen an verschiedenen Stellen auf die Bedeutung der Qualitätskosten hin, wenn auch diese Hinweise ziemlich oberflächlich sind. In der Praxis wird es jedenfalls kaum ein Prüflabor geben, das ohne Interesse an seiner Kostensituation ist. Es ist daher zu empfehlen, die Erfassung und systematische Analyse der Qualitätskosten als festen Bestandteil in das QM-System aufzunehmen.
In der Regel läßt die im Labor etablierte Kostenrechnung zunächst keine detaillierte Erfassung, Aufschlüsselung und Bewertung der Qualitätskosten zu. Folglich kann in diesen Fällen die Laborleitung oder der Träger des Labors gar keine Aussage darüber machen, welche Rationalisierungspotentiale die Einführung beziehungsweise die Optimierung eines bestehenden QM-Systems hat. Gerade für kommerzielle Labors ist dies aber eine ganz wichtige Frage.

In jüngster Zeit ist die Literatur zum Thema Qualität und Qualitätskosten stark angewachsen. Leider muß festgestellt werden, daß diese zu einem beträchtlichen Teil rein akademisch ist und sich zudem überwiegend auf die Bedürfnisse von Produktionsbetrieben konzentriert. Für die Praxis insbesonders auch kleinerer Labors ist aber vielleicht die folgende pragmatische Vorgehensweise zweckmäßig.

Schritt 1: Das im Labor vorhandene Kostenrechnungssystem wird so modifiziert, daß eine Aufschlüsselung nach qualitätsrelevanten Aufwendungen möglich wird. Die Tabelle 2.2-4 kann dabei als Anregung dienen. Welche Aufwendungen das Labor für besonders relevant hält, bleibt ihm überlassen.

Schritt 2: Die im Schritt 1 definierten Kosten werden regelmäßig erfaßt und durch die Laborleitung bewertet. Wo nötig, werden Korrekturmaßnahmen eingeleitet.

Kennung	**Kostenart**
KQ01	Direkte Aufwendungen für die QM-Beauftragten
KQ02	Aufwendungen für die Durchführung von Korrekturmaßnahmen
KQ03	Aufwendungen für Schulungen der Labormitarbeiter
KQ04	Aufwendungen für die Teilnahme an Tagungen
KQ05	Aufwendungen für Wiederholungsprüfungen
KQ06	Aufwendungen für die Teilnahme an Ringversuchen
KQ07	Aufwendungen für die Bewertung von Unterauftragnehmern
KQ08	Aufwendungen für die Durchführung von Eignungstests
KQ09	Aufwendungen für die Durchführung interner Audits
KQ10	Aufwendungen für die Durchführung von Laboraudits durch externe Stellen (z. B. Akkreditierungsstellen)
KQ11	Aufwendungen für die Beschaffung von Referenzmaterialien
KQ12	Aufwendungen für die Validierung von Prüfverfahren
KQ13	Aufwendungen für die Kalibrierung von Prüfgeräten
KQ14	Aufwendungen für die Bearbeitung von Reklamationen
KQ15	Aufwendungen für Arbeitsschutz- und Sicherheitsmaßnahmen
KQ16	Aufwendungen für die Bewertung des QM-Systems durch die Leitung

Tabelle 2.2-4: Beispiele für Aufwendungen zur Qualitätssicherung im Prüflabor

2.2.8 Checkpunkte zum QM-System

Nr.	Fragen	Bemerkungen
2-1	Verfügt das Prüflaboratorium über ein dokumentiertes QM-System?	
2-2	Ist das QM-System in einem QM-Handbuch beschrieben?	
2-3	Ist die Anwendung aller relevanten Elemente der EN 45001 im QM-Handbuch beschrieben?	
2-4	Ist das QM-Handbuch von der Laborleitung in Kraft gesetzt und bekannt gemacht?	
2-5	Ist der Geltungsbereich des QM-Handbuches bezogen auf die Organisationseinheiten, Standorte usw. definiert?	
2-6	Sind aus dem QM-Handbuch das Ausgabedatum, die Ausgabenummer, der Revisionsstand und der Standort des QM-Handbuchs ersichtlich?	
2-7	Ist aus dem QM-Handbuch ersichtlich, von wem die einzelnen Abschnitte erstellt, geprüft und freigegeben wurden?	
2-8	Liegen schriftliche Verfahrens-, Arbeits- und Prüfanweisungen vor?	
2-9	Sind die Verfahrens-, Arbeits- und Prüfanweisungen in das QM-System eingebunden und liegt eine Zusammenstellung vor?	
2-10	Sind die Verfahrens-, Arbeits- und Prüfanweisungen durch die jeweils autorisierten Personen erstellt, geprüft und freigegeben worden?	

H. Kohl, Qualitätsmanagement im Labor

ISBN 3-540-58100-6

Nr.	Fragen	Bemerkungen
2-11	Sind die Geltungsbereiche der Verfahrens-, Arbeits- und Prüfanweisungen bezogen auf die Organisationseinheiten, Standorte usw. definiert?	
2-12	Sind aus den Verfahrens-, Arbeits- und Prüfanweisungen das Ausgabedatum und der Revisionsstand ersichtlich?	
2-13	Gibt es schriftlich dokumentierte Verfahrensanweisungen zur Qualitätsplanung im Labor?	
2-14	Ist die Qualitätsplanung hinreichend mit Hinblick auf die Arbeitsbereiche des Prüflabors und mit Hinblick auf die an das Labor gestellten Anforderungen durch Auftraggeber, gesetzliche Vorschriften und selbst gesetzte Ziele?	
2-15	Sind die Zuständigkeiten für die Ausarbeitung von Qualitätsplänen festgelegt und dokumentiert?	
2-16	Sind die Zuständigkeiten für die Durchführung von internen Audits schriftlich geregelt?	
2-17	Erfolgt die Durchführung von internen Audits planmäßig in allen Standorten und Organisationseinheiten des Labors und liegen hierüber Aufzeichnungen vor?	
2-18	Werden die Ergebnisse interner Audits dokumentiert und den für die auditierten Bereiche verantwortlichen Personen zur Kenntnis gegeben?	

H. Kohl, Qualitätsmanagement im Labor

ISBN 3-540-58100-6

Nr.	Fragen	Bemerkungen
2-19	Gibt es für die einzelnen Laborbereiche zuständigen Führungskräfte eine Verpflichtung, im Falle von im Rahmen von internen Audits festgestellten Mängeln und und Schwachstellen Korrekturmaßnahmen einzuleiten?	
2-20	Werden im Rahmen von Folgeaudits die Durchführung und die Wirksamkeit von Korrekturmaßnahmen geprüft und dokumentiert?	
2-21	Werden interne Audits von jeweils unabhängigem Personal durchgeführt?	
2-22	Werden in dem Prüflabor externe Audits durchgeführt?	

H. Kohl, Qualitätsmanagement im Labor

ISBN 3-540-58100-6

2.2.9 Formblätter und Beispiele

Abbildung 2.2-3:

Wie im Text beschrieben, sind Audits über einen längeren Zeitraum im voraus zu planen. Das Formblatt kann dazu verwendet werden, diese Planung festzulegen und als verbindlich zu erklären.

Abbildung 2.2-4:

Audits können entweder auf der Grundlage einer allgemeinen Checkliste durchgeführt werden, wie sie etwa im Abschnitt 3.3 wiedergegeben ist. Audits können jedoch auch dem Inhalt nach von Fall zu Fall geplant werden. Das Formblatt dient dazu, die gewählten Checkpunkte festzuhalten.

Abbildung 2.2-5:

Die im Rahmen eines Audits festgestellten Abweichungen und Mängel müssen schriftlich festgehalten werden; mit den betroffenen Laboreinheiten sind Maßnahmen zur Korrektur zu vereinbaren. Das Formblatt kann dazu verwendet werden, diese Aufzeichnungen festzuhalten.

T+K
Labor

Auditplan

Jahr: 1995

Laborbereich	Audit geplant (Woche)	Audit-Datum	Audit-Nummer	Bemerkungen

Erstellt:

Freigegeben:

Datum:

Abbildung 2.2.-3: Formblatt Auditplan

H. Kohl, Qualitätsmanagement im Labor

ISBN 3-540-58100-6

T+K Labor

Audit-Checkliste

Auditierter Bereich

Auditor | Audit-Nr.:

Unterschrift | Datum:

Checkpunkte	EG	Bemerkungen

EG Erfüllungsgrad: **E** Erfüllt, **N** nicht erfüllt, **V** verbesserungsbedürftig, **-** nicht geprüft

Seite .. von ..

Abbildung 2.2.-4: Formblatt Audit-Checkliste

H. Kohl, Qualitätsmanagement im Labor

ISBN 3-540-58100-6

T+K Labor

Auditbericht

Auditierter Bereich ______ Audit-Nr. ______

Auditor ______ Datum: ______

Es wurden
- ❐ keine
- ❐ geringfügige
- ❐ gravierende

Mängel festgestellt.

1. Feststellungen, Mängel

2. Vereinbarte Maßnahmen

3. Termin für die Erfüllung der vereinbarten Maßnahmen

4. Unterschrift Auditor

Unterschrift Laborvertreter

Unterschrift QM-Beauftragter

5. Erfüllung der vereinbarten Maßnahmen akzeptabel:

6. Unterschrift Auditor

Unterschrift QM-Beauftragter

Datum

Abbildung 2.2.-5: Formblatt Auditbericht

H. Kohl, Qualitätsmanagement im Labor

ISBN 3-540-58100-6

2.3 Lenkung der Dokumente und Daten

2.3.1 Allgemeine Vorbemerkung

Die EN 45001 enthält an verschiedenen Stellen Hinweise und Forderungen, die auf die Einführung systematischer Verfahren zur Lenkung der Dokumente und Daten zielen. In diesem Abschnitt beschäftigen wir uns mit den damit zusammenhängenden Maßnahmen und Aspekten.
Es ist üblich, die anfallenden Dokumente in zwei Gruppen einzuteilen: Vorgabe-Dokumente und Nachweis-Dokumente. In die Gruppe der Vorgabe-Dokumente reiht man im allgemeinen jene Dokumente ein, die das etablierte QM-System beschreiben und Vorgaben zur Sicherstellung seines Funktionierens machen. Man rechnet zu ihnen auch Vorgaben von Auftraggebern, Prüfanweisungen usw.. Die Gruppe der Nachweis-Dokumente umfaßt jene Aufzeichnungen des Labors, die als Nachweis für die Art und Weise der durchgeführten Prüfungen und der damit zusammenhängenden Aktivitäten nötig sind. Die Tabelle 2.3-1 enthält Beispiele für beide Dokumentenarten im Labor. Die angegebenen Beispiele stellen natürlich keine vollständige Liste dar.

Vorgabe-Dokumente	**Nachweis-Dokumente**
QM-Handbuch	Prüfprotokolle
Interne Organisationsrichtlinien	Kalibrieraufzeichnungen
Verfahrensanweisungen	Rohdaten
Prüfanweisungen	Berechnungen
Kalibrieranweisungen	Spektrogramme
Normen	Berichte über interne Audits
Liste zugelassener Lieferanten	Schulungsnachweise für Labormitarbeiter
Liste zugelassener Unterauftragnehmer	Auftragsbestätigungen
Formblätter	Rechnungen
Checklisten	Aufzeichnungen über Wartungs- und Reparaturmaßnahmen an Prüfgeräten
Vorgaben von Auftraggebern	Statistische Auswertungen
....	....

Tabelle 2.3-1: Beispiele für Vorgabe- und Nachweis-Dokumente im Prüflabor

Das Element "Lenkung der Dokumente und Daten" beschäftigt sich ausschließlich mit der Gruppe der Vorgabe-Dokumente. Der Abschnitt 2.8 ist den Nachweis-Dokumenten (Aufzeichnungen) gewidmet. Die getrennte Behandlung dieser beiden Gruppen mag auf den ersten Blick befremden, sie ist jedoch üblich und zweckmäßig.
Im Zeitalter von LIMS (Laboratory Information Management System) und der elektronischen Datenverarbeitung versteht es sich von selbst, daß Dokumente und Aufzeichnungen auch in Form von Daten in Netzwerken und auf Datenträgern abgelegt und "gelenkt" werden können. Die Überschrift dieses Abschnittes heißt daher auch "Lenkung der Dokumente und Daten". Im folgenden wird der Kürze halber fast nur von "Dokumenten" gesprochen. Dabei ist jedoch stets implizit gemeint, daß dies auch Daten in Netzen und auf Datenträgern sein können.

2.3.2 Erstellung, Genehmigung, Herausgabe, Änderung und Ablage von Dokumenten und Daten

Vor der eigentlichen Festlegung der Verfahren für die Erstellung, Genehmigung, Herausgabe, Änderung und Ablage von Dokumenten und Daten ist es wesentlich, die Gruppe der Vorgabe-Dokumente überhaupt erst zu definieren und festzulegen, welche Dokumente und Daten des Labors sie umfassen soll.
Im Anschluß hieran ist es zweckmäßig, die Dokumente in fachlich oder thematisch kohärente Untergruppen zu ordnen. In der Praxis wird es nämlich sinnvoll und zweckmäßig sein, die Verfahren für die Erstellung, Genehmigung usw. der Dokumente jeweils getrennt für diese thematisch kohärenten Untergruppen zu regeln. Beispiel: Es ist sicher notwendig, für das QM-Handbuch und die Prüfanweisungen jeweils getrennte Verfahren zu definieren.
Es ist zweckmäßig, bei der Erfassung der im Labor auftretenden und zu lenkenden Dokumente systematisch vorzugehen und etwa in einer Matrix folgende Informationen für jedes Dokument oder jede Dokumentenart zusammenzustellen:

- Art des Dokumentes?
- Wer erstellt das Dokument?
- Wer prüft das Dokument?
- Wer gibt das Dokument frei?
- Wie und an welche Stellen wird das Dokument verteilt?
- Wie und von welcher Stelle wird das Dokument zurückgezogen?
- Wie und von welcher Stelle wird das Dokument geändert?
- Aufbewahrungsort?
- Aufbewahrungsart?
- Aufbewahrungsdauer?
- .....

Das Prüflabor muß für jedes Dokument oder jede Dokumentengruppe die Verantwortlichkeiten und Abläufe für die Erstellung, Prüfung, Genehmigung usw.

festlegen und im QM-Handbuch oder an anderer Stelle beschreiben. Technisch geschieht dies zweckmäßig mittels Ablaufdiagrammen und Zuständigkeitsmatrizen.
Die definierten Verfahren müssen auch die Lenkung externer Vorgabedokumente mit erfassen. Darunter würden zum Beispiel Prüfanweisungen fallen, die dem Labor von externer Stelle etwa im Rahmen einer Auftragserteilung überlassen werden.

Es versteht sich von selbst, daß das Prüflabor bei der Festlegung dieser Abläufe und Zuständigkeiten mit großer Sorgfalt vorgehen und alle Verfahren so definieren muß, daß sie zweckmäßig, möglichst leicht zu handhaben und vor allem wirkungsvoll sind. Die Verfahren müssen insbesondere auch eventuellen Vorgaben der Auftraggeber des Labors oder gesetzlichen und sonstigen Vorschriften entsprechen. Man denke hierbei zum Beispiel etwa an die in manchen Bereichen vorgeschriebenen Aufbewahrungsfristen und Aufbewahrungsarten für Dokumente.

Im Rahmen von EDV-Lösungen ist zu bedenken, daß Zugriffsrechte auf Datenflüsse, Datenbestände und elektronische Dokumente klar geregelt werden müssen. Daneben ist eine hinlänglich häufige Sicherung der verschiedenen Datenbestände sicherzustellen. Mißbräuchlicher Zugriff muß ausgeschlossen sein.

Die Verfahren zur Lenkung der Dokumente müssen sicherstellen, daß:

- die zutreffenden Ausgaben der Dokumente an allen Stellen rechtzeitig verfügbar sind, wo Tätigkeiten ausgeführt werden, auf die sich die entsprechenden Dokumente beziehen;

- ungültige oder überholte Dokumente sofort von allen Stellen zurückgezogen werden, von denen sie herausgegeben oder benutzt werden;

- ungültige oder überholte Dokumente entsprechend gekennzeichnet und, wo nötig und zweckmäßig, sicher und geordnet über einen zu definierenden Zeitraum aufbewahrt werden.

Im Rahmen von internen und externen Audits im Labor wird immer wieder festgestellt, daß gerade die Lenkung der Dokumente und Daten nicht korrekt durchgeführt wird. Probleme ergeben sich insbesondere bei der Änderung von Dokumenten und Daten. Grundsätzlich hat die Änderung, Freigabe usw. von Dokumenten durch die gleichen Stellen zu erfolgen, die für die Erstausgabe zuständig waren. Abweichungen hiervon sind zu definieren und schriftlich festzulegen.
Überholte Versionen von Dokumenten sind über einen festzulegenden Zeitraum zu archivieren. Geänderte Dokumente sind als solche zu kennzeichnen. Man vergleiche hierzu etwa die unter Abschnitt 2.2 gemachten Ausführungen über die Kennzeichnung.

2.3.3 Checkpunkte zur Lenkung der Dokumente und Daten

Nr.	Fragen	Bemerkungen
3-1	Verfügt das Prüflabor über Verfahrensanweisungen zur Erstellung, Prüfung, Freigabe, Kennzeichnung, Verteilung, Rückziehung, Änderung und Archivierung von • systembezogenen, • auftragsbezogenen, • verfahrensbezogenen, • sonstigen Dokumenten und Daten?	
3-2	Umfassen die in Frage 3-1 genannten Verfahren auch die Lenkung von Dokumenten und Daten externer Herkunft (z. B. Vorgaben, Prüfvorschriften usw. von Auftraggebern)?	
3-3	Sind alle Dokumente eindeutig gekennzeichnet (Dokumentenart, Ersteller, Revisionsstand, Datum der Freigabe, Verteilung usw.)?	
3-4	Verfügt das Prüflabor über Verfahren zur Überprüfung der Aktualität von Dokumenten und Daten? Bemerkung: Man denke hierbei etwa an Verfahren zur Überwachung der Aktualität von angewandten Normen, Gesetzen, Prüfverfahren usw..	

H. Kohl, Qualitätsmanagement im Labor

ISBN 3-540-58100-6

Nr.	Fragen	Bemerkungen
3-5	Gibt es dort, wo Dokumente und Daten auf elektronischem Wege erstellt, bearbeitet, verteilt usw. werden, eindeutige Regelungen bezüglich der Zugriffsmöglichkeiten auf Datenbestände?	

H. Kohl, Qualitätsmanagement im Labor
© Springer-Verlag Berlin Heidelberg 1996
ISBN 3-540-58100-6

2.4 Räumlichkeiten, Prüfumgebung und Einrichtungen

2.4.1 Allgemeine Vorbemerkung

Die Anforderungen der EN 45001 an die Räumlichkeiten und an die Prüfumgebung sowie an die Einrichtungen des Prüflabors sind relativ allgemein gehalten, da diese Norm ja nur allgemeine Kriterien zum Betreiben von Prüflaboratorien beschreibt und nicht auf spezifische Anforderungen an Prüflabors in bestimmten Branchen oder für bestimmte Prüfarten eingeht. Es ist aber wichtig im Auge zu behalten, daß einerseits die Akkreditierungsstellen und darüber hinaus auch andere nationale und internationale mit Akkreditierungsfragen befaßte Organisationen Detailregelungen bezüglich der Interpretation der EN 45001 in bestimmten Bereichen treffen können. Daneben gehen die EN 45001 und Akkreditierungsstellen immer stillschweigend davon aus, daß ein Labor alle es betreffenden gesetzlichen Regelungen und Vorschriften erfüllt, von denen es tangiert wird. Beispiele hierzu sind etwa die Anforderungen bezüglich der Gesundheitsschutz- und Sicherheitsanforderungen oder Richtlinien und Auflagen für Betreiber bestimmter Labortypen.

In diesem Abschnitt gehen wir auf die allgemeinen Anforderungen der EN 45001 bezüglich der Räumlichkeiten und Einrichtungen eines Prüflabors sowie bezüglich der Prüfumgebung ein. Einige der hier gemachten Ausführungen werden im Kapitel 4 dieses Buches bezogen auf bestimmte Labortypen ergänzt und gesondert erläutert.

Im Abschnitt 5.3 gibt die EN 45001 folgende Forderungen vor:

*"**5.3 Räumlichkeiten und Einrichtungen***

5.3.1 Verfügbarkeit

Das Prüflaboratorium muß mit allen Einrichtungen für eine ordnungsgemäße Durchführung der Prüfungen und Messungen, für die es nach eigenen Angaben kompetent ist, versehen sein.
Wenn im Ausnahmefall das Prüflaboratorium auf Einrichtungen von außen zurückgreifen muß, muß es die Eignung dieser Einrichtungen sicherstellen.

5.3.2 Räumlichkeiten und Umgebung

Die Umgebung, in der die Prüfungen vorgenommen werden, darf die Prüfergebnisse nicht verfälschen oder sich negativ auf die geforderte Meßgenauigkeit auswirken. Dies gilt insbesondere, wenn die Prüfung außerhalb der eigentlichen Prüfräume stattfindet. Die Prüfräume müssen in dem erforderlichen Umfang vor extremen Einflüssen, z. B. durch Hitze, Staub, Feuchtigkeit, Dampf, Geräusch, Erschütterungen, elektromagnetischen und anderen Störungen geschützt und in diesem Zustand gehalten werden. Sie müssen ausreichend geräumig sein, um das Schadens- oder Gefahrenrisiko zu begrenzen und dem Personal ausreichend Bewegungsfreiheit zu ermöglichen. Die Räume müssen mit den für die Prüfung benötigten Einrichtungen und Energieanschlüssen ausgestattet sein. Falls für die Prüfung erforderlich, müssen sie mit Vorrichtungen zur Überwachung der Umgebungsbedingungen ausgestattet sein.
Der Zugang zu allen Prüfbereichen und deren Benutzung sind in einer dem vorgesehenen Verwendungszweck angemessenen Weise zu kontrollieren; außerdem sind die Voraussetzungen für den Zutritt von Außenstehenden zu dem Prüflaboratorium festzulegen.
Es sind geeignete Maßnahmen für Ordnung und Sauberkeit im Prüflaboratorium zu treffen.

5.3.3 Einrichtungen

Alle Einrichtungen sind ordnungsgemäß zu warten. Genaue Wartungsanleitungen müssen zur Verfügung stehen.

Jeder Einrichtungsgegenstand, der überlastet oder falsch gehandhabt worden ist, zweifelhafte Ergebnisse liefert oder sich durch eine Kalibrierung oder anderwei-

tig als fehlerhaft erwiesen hat, muß so lange außer Betrieb gesetzt, klar gekennzeichnet und an bestimmter Stelle aufbewahrt werden, bis er repariert worden ist und dann durch Prüfung oder Kalibrierung der Nachweis erbracht worden ist, daß er wieder zufriedenstellend funktioniert. Das Prüflaboratorium muß die Auswirkungen dieses Fehlers auf vorherige Prüfungen untersuchen.

Über jede wichtige Prüf- und Meßeinrichtung sind Aufzeichnungen anzufertigen. Jede Aufzeichnung muß folgendes enthalten:

a) Bezeichnung des Einrichtungsgegenstandes;

b) Herstellername, Typbezeichnung und Seriennummer;

c) Datum der Beschaffung und Datum der Inbetriebnahme;

d) gegebenenfalls gegenwärtiger Standort;

e) Anlieferungszustand (z. B. neu, gebraucht, überholt);

f) Einzelheiten der durchgeführten Wartung;

g) Angaben über Schäden, Funktionsstörungen, Änderungen oder Reparaturen.

Im Laboratorium verwendete Meß- und Prüfeinrichtungen müssen gegebenenfalls vor Inbetriebnahme und danach nach einem hierfür festgelegten Programm kalibriert werden.

Das gesamte Kalibrierungsprogramm muß so ausgelegt und durchgeführt werden, daß alle in dem Prüflaboratorium vorgenommenen Messungen, soweit sinnvoll, auf nationale und, soweit vorhanden, auf internationale Meßnormale rückgeführt werden. Wo die Rückführbarkeit auf nationale oder internationale Meßnormale nicht möglich ist, muß das Prüflaboratorium einen zufriedenstellenden Nachweis über Korrelation oder Genauigkeit der Prüfergebnisse erbringen (z. B. durch Teilnahme an einem geeigneten Programm für Vergleichsprüfungen durch Prüflaboratorien).

Die bei dem Prüflaboratorium vorhandenen Referenz-Meßnormale sind nur für die Kalibrierung und nicht für andere Zwecke zu verwenden.

Referenz-Meßnormale sind von einer kompetenten Stelle, die für die Rückführbarkeit auf nationale oder internationale Meßnormale sorgen kann, zu kalibrieren.

Sofern erforderlich, sind Prüfeinrichtungen regelmäßig zwischen den planmäßigen Kalibrierterminen zu überprüfen.

Referenzmaterielien müssen, wenn möglich, auf national oder international genormte Referenzmaterialien rückführbar sein."

2.4.2 Räumlichkeiten und Prüfumgebung

Die im Abschnitt 2.4.1 wiedergegebenen Anforderungen der EN 45001 bezüglich der Räumlichkeiten und Prüfumgebung des Labors sind für die unterschiedlichen Labortypen und den dort durchgeführten Prüfarten natürlich sehr unterschiedlich auszulegen. Es empfiehlt sich jedoch in jedem Falle, diesen Fragen einen eigenen Raum im QM-Handbuch und den mitgeltenden QM-Unterlagen zu widmen.

Allgemein müssen die Räumlichkeiten des Labors für die in ihnen durchgeführten Prüfungen geeignet sein. Dies betrifft sowohl ihre Größe und Zahl, als auch ihre Anordnung und Ausstattung. In den Fällen, wo Prüfungen unter kontrollierten Umgebungsbedingungen durchzuführen sind, müssen die Räume mit entsprechenden Einrichtungen zur Einhaltung und Überwachung dieser Bedingungen ausgestattet sein. In diesem Zusammenhang sind zum Beispiel auch die Abzugshauben in analytischen Labors zu sehen, auch Luftschleusen und andere Einrichtungen.
Auf Aspekte wie Aufbereitung von Proben, Lagerung von Proben, Rückstellmustern, Lösungsmitteln, Referenzmaterialien usw. wird an anderer Stelle noch eingegangen werden. Bei einer Laborbegutachtung sollte aber bereits ein grober Überblick über die Räumlichkeiten des Labors den sicheren Eindruck vermitteln, daß für die genannten Aspekte ein klares und akzeptables Konzept vorliegt und die räumliche Ausstattung des Labors ausreichend ist. Mit Hinblick auf häufig in diesem Zusammenhang festgestellte Mängel sollte die Laborleitung diesem Punkt hinlängliche Aufmerksamkeit schenken.

In dem Abschnitt "Räumlichkeiten und Prüfumgebung" des QM-Handbuches sollte auch das Reinigungs- und Hygienekonzept des Labors dargestellt werden. Dieses Thema ist naturgemäß insbesondere für analytische, mikrobiologische, klinische und Lebensmittellabors von zentraler Bedeutung, aber natürlich auch für andere. Für diese Labortypen sollten die Regelungen bezüglich Reinigungsmaßnahmen, Hygienepläne usw. im QM-Handbuch allgemein beschrieben und von dort sollte auf die mitgeltenden Unterlagen (Verfahrens- und Arbeitsanweisungen, Hygienepläne usw.) verwiesen werden.

In verschiedenen Bereichen werden Prüfungen im Freien oder im mobilen Einsatz durchgeführt. Beispiele hierzu sind:

- Freilandmessungen im EMV-Bereich (Elektromagnetische Verträglichkeit);
- Biologische und mikrobiologische Freilandversuche;
- Geophysikalische und geologische Prüfverfahren;
- Zerstörungsfreie Werkstoffprüfung im mobilen Einsatz.

Auch in diesen Fällen muß das Labor für ordnungsgemäße Umgebungsbedingungen sorgen und diese entsprechend überwachen. Die QM-Dokumentation sollte hierzu klare Aussagen und Verfahrensanweisungen enthalten.

Unter den mitgeltenden QM-Unterlagen sollten sich auch die Lage- und Laborpläne befinden. Es ist wichtig, daß diese Dokumente auch dem Änderungsdienst unterliegen. Die zu akkreditierenden oder bereits akkreditierten Laborbereiche sollten in diesen Plänen geeignet gekennzeichnet sein. In der Regel verlangen Akkreditierungsstellen zur Vorbereitung einer Laborbegehung diese Unterlagen vom Labor.

Im Abschnitt "Räumlichkeiten und Prüfumgebung" des QM-Handbuches kann auch die Zutrittsregelung zu den Laborräumen dargelegt werden. Es kann aber in Einzelfällen zweckmäßig sein, diesen Fragen einen separaten Abschnitt zu widmen. Man denke etwa an die besonderen Regelungen in kerntechnischen oder mikrobiologischen Labors. In jedem Falle muß das Labor ein Konzept haben, welche Personen und unter welchen Umständen welche Laborräume betreten dürfen. Es müssen auch Regelungen getroffen werden, daß ein Zutritt für unberechtigte Personen ausgeschlossen ist.

2.4.3 Einrichtungen: Prüfmittel

Wie in Abschnitt 2.4.1 zitiert, fordert die EN 45001 ein klares und angemessenes Konzept für den Umgang mit Prüfmitteln im Labor und zwar über deren gesamten Lebenszyklus hinweg. Daraus ergibt sich ein Regelungsbedarf für wenigstens folgende Aspekte:

- Kriterien und Verfahren für die Beschaffung von Prüfmitteln;
- Aufzeichnungen über Prüfmittel;
- Verfahren für die Inbetriebnahme von Prüfmitteln;
- Verfahren für den Einsatz von Prüfmitteln;
- Verfahren für die Wartung, Kalibrierung und Eichung von Prüfmitteln;
- Art und Verwendung der eingesetzten Referenz-Meßnormale;
- Verfahren für die Sperrung von Prüfmitteln.

Auf die mit der Beschaffung von Prüfmitteln zusammenhängenden Fragen wird im Abschnitt 2.9 näher eingegangen. Im Abschnitt 2.8 werden die Aufzeichnungen über Prüfmittel behandelt.

Das Prüflabor muß (eventuell gerätespezifische) Verfahrensanweisungen entwickeln, mit denen die Inbetriebnahme neuer, gebrauchter oder für eine gewisse Zeit stillgelegter Prüfmittel geregelt wird. Wichtige Inhalte dieser Verfahrensanweisungen sind u. a.:

- Wer ist für die technische Inbetriebnahme zuständig und verantwortlich?
- Welche Aktivitäten beinhaltet die Inbetriebnahme?
- Wer ist für die Erstellung, Änderung, Prüfung und Freigabe der gerätespezifischen Verfahrens-, Arbeits- und Kalibrieranweisungen zuständig?
- Wer ist für die Einweisung und Autorisierung des Bedienungspersonals zuständig und wie erfolgt diese?
- Wer ist für die laufende Aktualisierung der das Prüfgerät betreffenden Aufzeichnungen zuständig?
- .....

Es liegt natürlich auf der Hand, daß der Regelungs- und Dokumentationsbedarf zu diesen und ähnlichen Fragen in einem großen Labor im allgemeinen größer sein wird, als in einem Prüflabor mit vielleicht fünf Mitarbeitern.

Um eine ordentliche Verwendung der im Labor eingesetzten Prüfmittel sicherzustellen, müssen dem Labor Verfahrens- und Arbeitsanweisungen für den Einsatz der Prüfmittel und der an ihnen durchzuführenden Wartungs- und Kalibriertätigkeiten vorliegen. Im allgemeinen sind die Herstellerunterlagen Bestandteil dieser Dokumente. Es ist jedoch häufig sinnvoll und nötig, daß das Labor eigene Anleitungen für die Bedienung, Kalibirierung und sonstigen Tätigkeiten an und mit

Prüfgeräten erstellt, da nur so die speziellen Gegebenheiten und Konfigurationen im Labor hinreichend berücksichtigt werden können.

Die vom Labor einzusetzenden Kalibrierverfahren hängen naturgemäß sehr stark von den Prüfmitteln des Labors ab, so daß eine allgemeine Diskussion der damit zusammenhängenden Aspekte nur bis zu einem gewissen Punkt möglich ist. Die Checkpunkte zu diesem Abschnitt enthalten aber typische Fragestellungen, die in diesem Zusammenhang zu berücksichtigen sind und bei einer Beurteilung der im Labor eingesetzten Verfahren zur Kalibrierung zum Tragen kommen. Besondere Sorgfalt ist dabei den Referenz-Meßnormalen zu widmen, die gemäß der EN 45001 ausschließlich zu Kalibrierzwecken zu verwenden sind. Das Prüflabor muß daher klare Verfahrensanweisungen haben, welche Referenz-Meßnormale es einsetzt, wer oder welche Stellen diese überwachen, wer innerhalb des Labors für ihre Beschaffung, Verwaltung, Instandhaltung und Anwendung zuständig ist und wie diese Anwendung zu erfolgen hat. Die im Anhang zitierte Literatur kann zur Klärung von technischen Detailfragen herangezogen werden.

Neben den genannten gibt es in Laboratorien eine weitere Gruppe von Geräten und Vorrichtungen, die zwar keine Prüfmittel im engeren Sinne sind, jedoch wesentliche Einrichtungen im Rahmen von Prüfungen darstellen. Darunter fallen zum Beispiel Rührgeräte, Schüttelvorrichtungen usw.. Es ist zweckmäßig und nötig, daß auch diese Vorrichtungen entsprechend inventarisiert und ordentlich verwaltet werden. Je nach Art dieser Geräte und Vorrichtungen muß das Labor angemessene Maßnahmen ergreifen, um ihre ordentliche Funktionsweise und Handhabung sicherzustellen.

An dieser Stelle sei auch auf die Ausführungen des Kapitels 5 verwiesen, wo dargelegt wird, daß auch Checklisten und ähnliche Dokumente zur Prozeßüberwachung als Prüfmittel aufgefaßt werden können.

2.4.4 Einrichtungen: Elektronische Datenverarbeitung

Die EN 45001 fordert bezüglich der elektronischen Datenverarbeitung im Labor: *"Wenn Prüfergebnisse mit Hilfe elektronischer Datenverarbeitung ermittelt werden, muß das DV-System so zuverlässig und stabil sein, daß die Genauigkeit der Prüfergebnisse nicht beeinträchtigt wird. Das System muß in der Lage sein, Störungen während des Programmablaufs zu entdecken und geeignete Maßnahmen zu ergreifen."*

Diese Anforderungen sind sehr allgemein gehalten und daher im Rahmen von Laborbegutachtungen von den Begutachtern in der Regel nur schwer überprüfbar. Schließlich ist die Stabilität eines DV-Systems letztlich nicht ohne Beurteilung des Source-Codes machbar!
Auf der anderen Seite gibt es heute praktisch kein Labor mehr ohne Einsatz von EDV-Systemen. Die Breite dieses Einsatzes schwankt allerdings von Labor zu Labor beträchtlich. In der Praxis reicht das Spektrum vom Einsatz singulärer PCs und Geräterechner bis hin zur hochgradigen Vernetzung der Prüf- und Meßgeräte sowie anderen EDV-Einheiten in lokalen und standortübergreifenden Netzen.

Eine hohe Stufe der EDV-Anwendungen im Labor stellen heute LIM-Systeme (Labor-Informations- und Management-Systeme) dar. Es ist an dieser Stelle nicht unsere Absicht, Kriterien für die optimale Auswahl von LIM-Systemen oder anderen EDV-Lösungen anzugeben. Für die Praxis ist jedoch die Bemerkung wichtig, daß bei der Auswahl eines LIM-Systems dessen Fähigkeit beurteilt werden sollte, auf die spezifischen Gegebenheiten und Anforderungen des Labors einzugehen. Gelegentlich trifft man nämlich auf den umgekehrten Sachverhalt: Man paßt die Abläufe und Strukturen des Labors an die Vorgaben eines speziellen LIM-Systems an.

Darüber hinaus ist folgendes zu beachten. Da die EN 45001 das Prüflabor in die Pflicht versetzt, die Zuverlässigkeit und Stabilität des eingesetzten EDV-Systems nachzuweisen, empfiehlt es sich, beim Kauf eines solchen Systems die entsprechenden Nachweise soweit wie möglich vom Lieferanten zu fordern. Schwierig ist dies in der Regel bei selbst erstellten Programmen und in den Fällen, wo "irgendein Programmierer" mit der Erstellung des gesamten Software oder mit Teilen betraut wurde. Dieser mag zwar seinerzeit das Projekt zu sehr günstigen Konditionen abgewickelt haben, leider ist er aber heute nicht mehr greifbar und es liegt vermutlich auch keine dokumentierte Version des Source-Codes vor. Besonders unübersichtlich wird die Situation dann, wenn zu verschiedenen Zeiten unterschiedliche Personen Veränderungen an der Software vorgenommen haben und eigentlich nicht mehr nachvollziehbar ist, "was derzeit wirklich in der EDV-Anlage läuft".

Generell bleibt festzuhalten, daß es in der Verantwortung des Labors liegt, den Nachweis über durchgeführte Validierungen des EDV-Systems zu erbringen und

Aufzeichnungen darüber vorzulegen. Es ist akzeptabel, daß die Validierung der Software von deren Hersteller durchgeführt wird. Das Labor muß aber hierüber eine Bestätigung vorhalten und darüber hinaus nach der Installation der Software im Labor entsprechende Tests im Rahmen der Annahme der Software/Hardware durchführen.

Es gibt heute allgemein akzeptierte Standards, die man an Softwarehersteller, Lieferanten und Wartungsfirmen stellen sollte. Im Vordergrund steht hier insbesondere die Normenreihe ISO 9000, deren Teil ISO 9000-T3 einen "Leitfaden für die Anwendung von ISO 9001 auf die Entwicklung, Lieferung und Wartung von Software" enthält.
Professionelle Lieferanten bieten heute in der Regel alle wichtigen Funktionen an: validierte Software, Installation und Systemvalidierung, Schulung des Bedienungspersonals und Durchführung von Wartungen. Über alle Maßnahmen werden auch entsprechende Protokolle und Nachweise geliefert. Es ist zwar richtig, daß diese Lösung sicher nicht die kurzfristig billigste ist. Man sollte jedoch bedenken, daß sich die "Steinzeit" der Softwareentwicklung beschleunigt ihrem Ende neigt und es ist zu bedenken, daß später auftretende funktionelle oder Akzeptanzprobleme unter Umständen auch nur mit beträchtlichem zeitlichen, organisatorischen und finanziellen Aufwand behoben werden können.

In der Vergangenheit sind Überprüfungen von EDV-Systemen im Rahmen von Laborbegehungen eher lax ausgefallen. Dies ist sicher mit darauf zurückzuführen, daß die Anforderungen der EN 45001 sehr allgemein formuliert sind und auch die Akkreditierungsstellen dabei waren, zu lernen. Das Labor ist jedoch gut beraten, sich für die Zukunft auf härtere Kriterien und Prüfungsmaßnahmen einzustellen.
Die Anforderungskriterien des Labors an sein Lieferanten bezüglich Software, Hardware und die dazugehörigen Wartungsmaßnahmen sollten im QM-Element "Beschaffung und Unteraufträge" unbedingt beschrieben werden.

An dieser Stelle ist auch der Hinweis wichtig, daß die QM-Dokumentation eine Beschreibung der eingesetzten EDV-Systeme, der Software und der Wartungs- und Validierungskonzepte enthalten sollte. Diese Beschreibung sollte auch eine Darlegung bezüglich der Vergabe und Überwachung der Zugriffsrechte auf die Datenflüsse und Datenbestände umfassen. Wichtig sind auch Angaben über die Möglichkeiten bezüglich des Abrufens, der Weiterverarbeitung und der Änderung von Daten, so zum Beispiel von Prüfergebnissen. Natürlich werden solche Detailregelungen nur im Überblick im QM-Handbuch selbst dargelegt. Einzelheiten sollten jedoch in den mitgeltenden Verfahrens- und Arbeitsanweisungen enthalten sein.

2.4.5 Einrichtungen: Chemikalien, Hilfsstoffe und Labormaterialien

Im Prüflabor findet neben den Prüfmitteln eine mehr oder weniger große Zahl von Chemikalien, Hilfsstoffen und unterschiedlichen Labormaterialien Anwendung, deren Eigenschaften einen wesentlichen Einfluß auf die Qualität der Arbeit und der Prüfergebnisse des Labors haben. In diese Kategorie fallen neben den Chemikalien, Lösungsmitteln usw. Glaskolben, Büretten, Reagenzgefäße, Reinigungsmittel, Filter, Schutzbrillen und andere Materialien. Je nach den angewandten Prüfarten werden diese Labormaterialien sehr unterschiedlich sein. Das Prüflabor sollte dort, wo dies notwendig oder sinnvoll ist, geeignete Regelungen und Anweisungen treffen, was die Beschaffung, die Lagerung, die Anwendung, den allgemeinen Umgang und die Entsorgung betrifft.

Was die Beschaffung angeht, so wird hierauf im Abschnitt 2.9 gesondert eingegangen. Es sollte festgelegt werden, welche Lieferanten das Labor akzeptiert. Regelungsbedarf kann sich im Zusammenhang mit der Lagerung von Stoffen und der regelmäßigen Überprüfung von Haltbarkeiten ergeben. Eine PC-gestützte Datenbank kann diese Überwachungsaufgaben wesentlich erleichtern und systematisieren.

In vielen Bereichen ist auch die Reinigung von Reagenzgefäßen so wichtig und sensibel, daß es empfehlenswert sein kann, eine entsprechende Arbeitsanweisung für das Reinigungspersonal bereitzustellen. Dasselbe gilt für Regelungen bezüglich der Entsorgung.

Diese knappen Bemerkungen sollten genügen, um den Leser für die allgemeine Problematik zu sensibilisieren. Er muß selbst entscheiden, in welchem Umfang in seinem Labor hierzu Handlungs- und Regelungsbedarf besteht.

2.4.6 Einrichtungen: Referenzmaterialien

Referenzmaterialien werden praktisch in allen Prüflabors zum Zweck der Kalibrierung oder im Rahmen der Entwicklung, Beurteilung, Absicherung und Überwachung von Prüfverfahren eingesetzt. Die Art der eingesetzten Referenzmaterialien hängt daher naturgemäß von den im Labor eingesetzten Prüfarten und Prüfgeräten und von den durchgeführten Prüfverfahren ab. Bei den Referenzmaterialien kann es sich um vom Labor selbst hergestellte Standards mit definierten Eigenschaften handeln, oder um Stoffe anderer Stellen (Labors, Hersteller usw.).
Das Prüflabor muß im Rahmen seines QM-Systems ein Konzept zum Einsatz von Referenzmaterialien und zum Umgang mit ihnen einführen. Die allgemeinen Aussagen hierzu sollten Bestandteil des QM-Handbuches sein, Detailregelungen enthalten Verfahrensanweisungen, auf die aus dem QM-Handbuch verwiesen wird.

Wichtige Fragen im Zusammenhang mit Referenzmaterialien sind zum Beispiel folgende:

- Für welche Bereiche, Zielsetzungen und Aufgaben werden im Labor Referenzmaterialien benötigt und eingesetzt?
- Existieren zertifizierte Referenzmaterialien für die vom Labor abgedeckten Bereiche?
- Welche Bezugsquellen für Referenzmaterialien werden vom Labor genutzt (z. B. eigene Herstellung, Anbieter von zertifizierten Substanzen usw.)?
  Bemerkung: An dieser Stelle könnte unter Umständen eine entsprechende Verfahrensanweisung für die Beschaffung von Referenzmaterialien angebracht sein (vgl. Abschn. 2.9).
- Welche Stellen/Personen sind im Labor für die Auswahl, Beschaffung, Registrierung, Lagerung, Verwaltung usw. von Referenzmaterialien zuständig?
- Welche Verfahrensanweisungen regeln die Verwendung der Referenzmaterialien?
- Wer ist für die regelmäßige Überprüfung der Haltbarkeit usw. zuständig?
- Werden Referenzmaterialien ordnungsgemäß und insbesondere getrennt von anderen Stoffen gelagert?
- Gibt es im Labor ein Verzeichnis über alle vorhandenen Referenzmaterialien, den Ort ihrer Lagerung, ihren Verwendungszweck usw.?
  Bemerkung: In größeren Labors oder Laborverbunden kann die Einrichtung einer Datenbank vorteilhaft sein.

Prüflaboratorien, die eine Akkreditierung anstreben, sollten im Falle vorhandener Unsicherheiten rechtzeitig mit ihrer Akkreditierungsstelle Kontakt aufnehmen, um deren aktuelle Anforderungen an das Vorhandensein von Referenzmaterialien zu erfragen. Teilweise existieren hier ziemlich dezidierte Vorgaben. So wird zum Beispiel bei der Akkreditierung von mikrobiologischen Labors das Vorhandensein von Referenzstämmen in bestimmten Bereichen verlangt.

2.4.7 Gesundheitsschutz- und Sicherheitsmaßnahmen

Das Thema "Gesundheitsschutz- und Sicherheitsmaßnahmen" kommt explizit nicht in der EN 45001 vor. Andererseits bewegt sich jedes Labor in einem Netz von diesbezüglichen Regelungen und Vorschriften und wird auch entsprechend durch verschiedene Stellen überwacht. Die EN 45001 setzt die Einhaltung der betreffenden Vorschriften durch das Labor voraus und im Rahmen von Akkreditierungsverfahren machen Akkreditierungsstellen und die von ihnen eingesetzten Begutachterteams nur entsprechende Stichproben.

Mit Hinblick darauf, daß das QM-System des Labors und die dazugehörige QM-Dokumentation Führungsinstrumente für die Laborleitung darstellen, erscheint es sinnvoll, die Maßnahmen und Regelungen bezüglich Gesundheitsschutz und Sicherheit vollständig in das QM-System nach EN 45001 zu integrieren. In der Praxis bedeutet dies, daß der Sicherheitsbeauftragte des Labors in den entsprechenden Fragen eng mit der Laborleitung und den QM-Beauftragten zusammenarbeitet. Das Gesamtsystem wird dabei leichter überschaubar und steuerbar. Im QM-Handbuch werden die allgemeinen Prinzipien und Maßnahmen bezüglich Gesundheitsschutz und Sicherheit dargestellt und Verfahrens- und Arbeitsanweisungen zur Regelung von Detailfragen herangezogen und vom QM-Handbuch heraus referenziert.
Die Botschaft und der Vorschlag dieses kurzen Abschnittes ist daher einfach: Man wähle ein integriertes und transparentes Gesamtsystem und nutze die sich daraus ergebenden Synergien.

2.4.8 Checkpunkte zu Räumlichkeiten, Prüfumgebung und Prüfmitteln

Nr.	Fragen	Bemerkungen
4.1	**Lagepläne für die Laborräume**	
4.1-1	Liegen Lage- und Laborpläne vor und unterliegen diese dem Änderungsdienst?	
4.1-2	Sind die zu akkreditierenden oder bereits akkreditierten Laborbereiche in den Lage- und Gebäudeplänen entsprechend gekennzeichnet?	
4.2	**Allgemeine Anforderungen an die Laborräume und Ausstattung**	
4.2-1	Sind die Laborräume allgemein für die in ihnen durchgeführten Prüfungen geeignet?	
4.2-2	Sind die Laborräume in Zahl und Größe angemessen für die in ihnen durchzuführenden Prüfungen, die in ihnen installierten Prüfgeräte und die in ihnen beschäftigten Personen?	
4.2-3	Sind, wo dies erforderlich ist, die Räumlichkeiten und Prüfbereiche hinlänglich getrennt, damit eine Querkontamination oder eine gegenseitige Beeinflussung von Prüfungen durch andere Prüfungen, Probenaufbereitung, Probenlagerung usw. nicht stattfinden kann?	

H. Kohl, Qualitätsmanagement im Labor

ISBN 3-540-58100-6

Nr.	Fragen	Bemerkungen
4.2-4	Sind die Laborräume, je nach Bedarf, gegen extreme Einflüsse wie Hitze, Kälte, Staub, Feuchtigkeit, Dampf, Erschütterungen, elektromagnetische Felder usw. abgeschirmt?	
4.2-5	Sind in den Fällen, wo Prüfungen unter definierten Umgebungsbedingungen durchgeführt werden müssen, die Prüfräume so ausgestattet, daß diese Umgebungsbedingungen eingehalten werden können und sind in diesen Fällen die nötigen Kontroll- und Steuereinrichtungen vorhanden, um diese Umgebungsbedingungen einzuhalten und zu überwachen?	
4.2-6	Gibt es in dem Falle, daß in dem Labor Tierversuche durchgeführt werden, genügend und zweckmäßige Räume für die Quarantäne, Tierhaltung, Versuchsdurchführung, Untersuchung usw.?	
4.2-7	Ist die Ausstattung der Laborräume mit technischen Hilfseinrichtungen (z. B. Abzüge, Gasversorgung, Kühlschränke, Notstromsysteme, Alarmvorrichtungen usw.) zweckmäßig, funktionstüchtig und hinreichend?	

H. Kohl, Qualitätsmanagement im Labor

ISBN 3-540-58100-6

Nr.	Fragen	Bemerkungen
4.2-8	Entspricht das Labor den es betreffenden Sicherheitsvorschriften? Aspekte hierzu sind u. a.: Sind Sicherheitsbeauftragte benannt? Ist die grundlegende Sicherheitsausstattung (z. B. Feuerlöscher, Augenduschen, Notduschen, Schutzkleidung usw.) vorhanden? Gibt es Fluchtwegekennzeichnungen? Werden inkompatible Materialien und Chemikalien getrennt gelagert? Fanden Laborbegehungen durch die Gewerbeaufsicht, Berufsgenossenschaft usw. statt und liegen Berichte über diese Begehungen vor?	
4.2-9	Sind in den Fällen, wo Prüfungen im Freien oder im mobilen Einsatz gemacht werden, die dabei herrschenden Prüf- und Umgebungsbedingungen angemessen und werden diese kontrolliert?	
4.2-10	Wird der Zutritt zu den Laborräumen auf angemessene Weise kontrolliert?	
4.2-11	Ist der Zutritt externer Personen (z. B. Auftraggeber und Besucher) zu den Laborräumen geregelt?	
4.3	**Ordnung, Reinigung und Hygiene in den Laborräumen**	

H. Kohl, Qualitätsmanagement im Labor

ISBN 3-540-58100-6

Nr.	Fragen	Bemerkungen
4.3-1	Machen die Laborräume (einschl. der Räume für die Lagerung von Proben, Reagenzien usw.) allgemein einen ordentlichen und sauberen Eindruck?	
4.3-2	Liegen Verfahren zur Reinigung der Laborräume vor?	
4.3-3	Wird in den Fällen, wo dies angemessen oder notwendig erscheint, das Reinigungspersonal (auch und insbesondere externes) eingewiesen, wie die Reinigung der Laborräume zu erfolgen hat und wird das Reinigungspersonal auf die Gefahrenpotentiale im Labor hingewiesen?	
4.3-4	Liegen, wo dies nötig erscheint, Aufzeichnungen über das Reinigungskonzept und über das zur Reinigung eingesetzte Personal vor?	
4-3.5	Liegen, wo dies nötig erscheint, Hygienepläne für die Laborräume vor?	
4-3.6	Gibt es Aufenthaltsräume für Ruhepausen für das Laborpersonal?	
4.4	**Prüf- und Meßeinrichtungen**	
4.4-1	Liegt eine Liste der Prüf- und Meßgeräte vor?	

H. Kohl, Qualitätsmanagement im Labor

ISBN 3-540-58100-6

Nr.	Fragen	Bemerkungen
4.4-2	Liegen für alle wichtigen Prüf- und Meßeinrichtungen Aufzeichnungen vor?	
4.4-3	Enthalten diese Aufzeichnungen mindestens folgende Angaben: • Bezeichnung des Einrichtungsgegenstandes; • Herstellername, Typbezeichnung und Seriennummer; • Datum der Beschaffung und Datum der Inbetriebnahme; • gegebenenfalls gegenwärtiger Standort; • Anlieferungszustand (z.B. neu, gebraucht, überholt); • Einzelheiten der durchgeführten Wartung; • Angaben über Schäden, Funktionsstörungen, Änderungen oder Reparaturen?	
4.4-4	Liegen für die ordnungsgemäße Verwendung und Wartung der Prüf- und Meßgeräte Gebrauchs- und Wartungsanleitungen vor?	
4.4-5	Werden defekte oder mangelhafte Prüf- und Meßgeräte als solche gekennzeichnet und außer Betrieb gesetzt?	

H. Kohl, Qualitätsmanagement im Labor

ISBN 3-540-58100-6

Nr.	Fragen	Bemerkungen
4.4-6	Werden alle Arbeiten und Maßnahmen an Prüf- und Meßgeräten, soweit sinnvoll, von den durchführenden Personen dokumentiert, mit Datum versehen und abgezeichnet?	
4.4-7	Gibt es Anweisungen für die Inbetriebnahme neuer oder reparierter Prüf- und Meßgeräte?	
4.4-8	Sind die eingesetzten Prüf- und Meßmittel hinreichend und zweckmäßig für die durchgeführten Prüfungen?	
4.4-9	Liegt eine Übersicht über die vom Labor eingesetzten sonstigen Geräte wie Rühr- und Schüttelvorrichtungen vor und werden diese Geräte zweckmäßig gehandhabt und gewartet?	
4.5	**Kalibrierung**	
4.5-1	Ist im Labor ein dokumentiertes Gesamtkonzept für die Kalibrierung aller betroffenen Prüfmittel eingeführt?	

H. Kohl, Qualitätsmanagement im Labor

ISBN 3-540-58100-6

Nr.	Fragen	Bemerkungen
4.5-2	Wer führt die Kalibrierungen durch: • Physikalisch-Technische Bundesanstalt (PTB); • ein metrologisches Staatsinstitut; • ein akkreditiertes Kalibrierlabor; • Eichbehörde oder sonstige anerkannte Stelle; • externe qualifizierte Stelle ohne Akkreditierung aber nach EN45001/ISO Guide 25 arbeitende Stelle (z. B. Gerätehersteller); • kompetente zentrale Stelle im Prüflabor, im Unternehmen, zu dem das Prüflabor gehört, in der Großforschungseinrichtung usw.; • Einzelpersonen im Labor; • die Anwender des Gerätes?	
4.5-3	Sind die Zuständigkeiten für die Erstellung, Prüfung und Freigabe von Kalibrieranweisungen (inkl. Festlegung von Kalibrierintervallen usw.) geregelt?	
4.5-4	Liegen dokumentierte und auf die eingesetzten Prüfmittel zugeschnittenen Kalibrieranweisungen vor (inkl. einer Beschreibung der Einzelschritte, Ablaufdiagramme usw.)?	

H. Kohl, Qualitätsmanagement im Labor

ISBN 3-540-58100-6

Nr.	Fragen	Bemerkungen
4.5-5	Wie wird in den Fällen verfahren, wo eine individuelle Kalibrierung nicht möglich ist (z. B. Dehnungsmeßstreifen)?	
4.5-6	Welche Normale stehen dem Labor zur Verfügung?	
4.5-7	Sind die Normale direkt oder indirekt an nationale oder internationale Normale angeschlossen, entsprechend gekennzeichnet und mit Zeugnissen versehen?	
4.5-8	Sind die Zuständigkeiten für die Beschaffung und die Verwaltung der Normale geregelt?	
4.5-9	Sind die Prüfgeräte entsprechend ihrem Kalibrierstatus gekennzeichnet?	
4.5-10	Werden, wo dies erforderlich ist, die Umgebungsbedingungen einer Kalibrierung erfaßt, geregelt, eingehalten und dokumentiert?	
4.5-11	Werden Kalibriervorschriften systematisch ermittelt, festgelegt, geprüft und gegebenenfalls korrigiert?	
4.5-12	Werden die Kalibrierergebnisse und ermittelten Meßunsicherheiten dokumentiert?	

H. Kohl, Qualitätsmanagement im Labor

ISBN 3-540-58100-6

Nr.	Fragen	Bemerkungen
4.6	**Elektronische Datenverarbeitung**	
4.6-1	Liegt eine Beschreibung des vom Labor eingesetzten EDV-Konzeptes vor?	
4.6-2	Wie ist sichergestellt, daß das eingesetzte EDV-System (Hard- und Software) zuverlässig und stabil arbeitet und eine unbeabsichtigte und unkontrollierte Beeinflussung der Prüfergebnisse und sonstigen Daten ausgeschlossen ist?	
4.6-3	Liegt eine Dokumentation der Änderungen am eingesetzten EDV-System (Hard- und Software) vor?	
4.6-4	Wie wurde das EDV-System validiert und liegen entsprechende Aufzeichnungen vor?	
4.6-5	Sind für alle Beschäftigten des Labors die Zugriffs- und Änderungsrechte auf das EDV-System und die Datenbestände definiert und zweckmäßig?	
4.7	**Chemikalien, Hilfsstoffe und Labormaterialien**	
4.7-1	Gibt es geeignete Lagerungsmöglichkeiten für die im Labor verwendeten Chemikalien, Hilfsstoffe und Labormaterialien?	

H. Kohl, Qualitätsmanagement im Labor

ISBN 3-540-58100-6

Nr.	Fragen	Bemerkungen
4.7-2	Werden die gesetzlichen und behördlichen Vorschriften bezüglich der Lagerung von Chemikalien, Hilfsstoffen und Labormaterialien eingehalten?	
4.7-3	Gibt es ein systematisches Verfahren zur regelmäßigen Überprüfung überalterter Chemikalien, Hilfsstoffe usw. ?	
4.7-4	Gibt es Arbeitsanweisungen für die Reinigung von Labormaterialien (Reagenzkolben, Meßzylinder usw.)?	
4-7.5	Gibt es Regelungen für die Entsorgung von (z. B. abgelaufenen) Chemikalien, Hilfsstoffen, Reagenzgefäßen usw.?	
4.8	**Referenz-Meßnormale und Referenzmaterialien**	
4.8-1	Werden (zertifizierte) Referenzmaterialien eingesetzt und in welchen Prüfbereichen?	
4.8-2	Gibt es eine Liste der vom Labor akzeptierten Lieferanten von Referenzmaterialien?	
4.8-3	Verfügt das Labor über Verfahrensanweisungen für Beschaffung, Registrierung, Lagerung, Überprüfung und Verwaltung von Referenzmaterialien?	

H. Kohl, Qualitätsmanagement im Labor

ISBN 3-540-58100-6

Nr.	Fragen	Bemerkungen
4.8-4	Verfügt das Labor über Verfahrensanweisungen für die Anwendung von Referenzmaterialien?	
4.8-5	Gibt es ein Verzeichnis der im Labor eingesetzten Referenzmaterialien?	
4.8-6	Werden Referenzmaterialien getrennt von anderen Substanzen gelagert?	

H. Kohl, Qualitätsmanagement im Labor

ISBN 3-540-58100-6

2.4.9 Formblätter und Beispiele

Abbildung 2.4-1:

Die Darstellung erläutert eine Möglichkeit zur Darlegung des Ablaufs bei der Annahme und Inbetriebsetzung von Prüfgeräten. Die an den Symbolen angegebenen Zahlen dienen als Referenzen zur detaillierteren Beschreibung der einzelnen Schritte.

Abbildung 2.4-2:

Das Formblatt dient als Aufzeichnung über die Besucher des Labors oder einzelner Laboreinheiten.

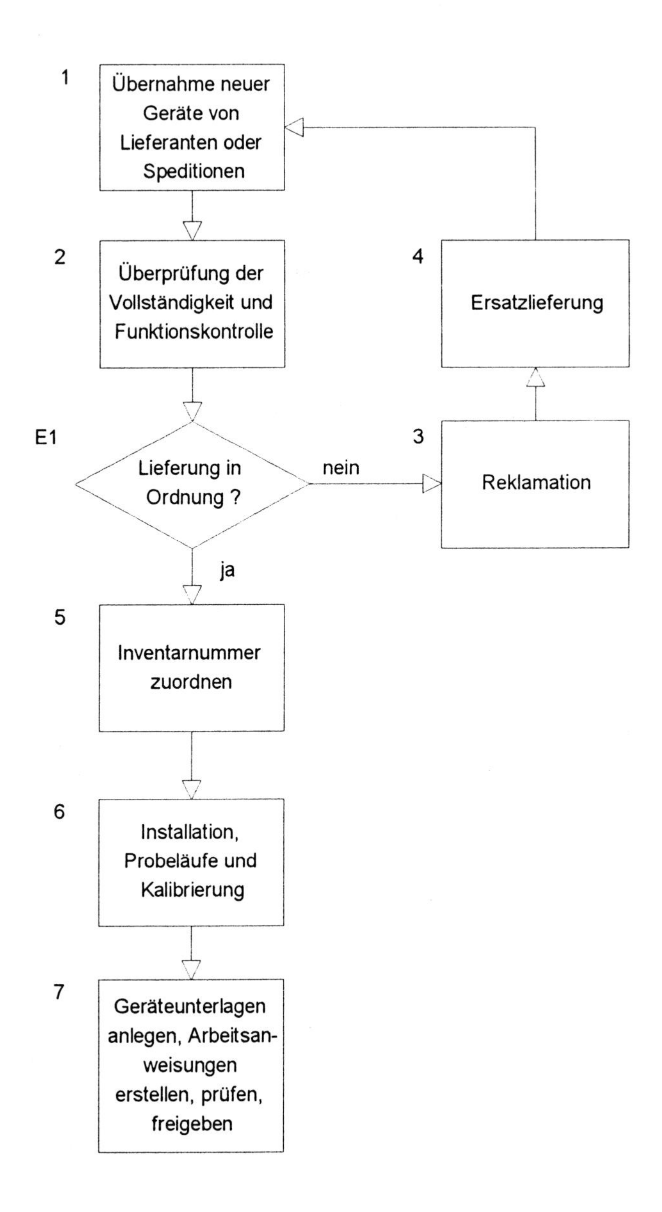

Abbildung 2.4-1: Annahme und Inbetriebsetzung neuer Prüfgeräte

T+K
Labor

Besucherliste

Datum	Zeit		Name, Firma	kommt zu
	von	bis		

Abbildung 2.4-2: Formblatt Besucherliste

H. Kohl, Qualitätsmanagement im Labor

ISBN 3-540-58100-6

2.5 Personal und Schulung

2.5.1 Allgemeine Vorbemerkung

Die EN 45001 stellt in Abschnitt 5.2 folgende Anforderungen bezüglich des Personals eines Prüflaboratoriums und seine Schulungen: *"Das Prüflaboratorium muß genügend Personal haben, das zur Erfüllung seiner Aufgaben über die notwendige Ausbildung, Schulung, technische Kenntnis und Erfahrung verfügt. Das Prüflaboratorium muß sicherstellen, daß die Schulung seines Personals auf dem neuesten Stand gehalten wird. Informationen über Qualifikation, Schulung und Erfahrung des technischen Personals sind von dem Prüflaboratorium auf dem neuesten Stand zu halten."*

Auch andere Qualitätsstandards für Laboratorien (z. B. ISO Guide 25, GLP) enthalten dezidierte Forderungen in dieser Richtung. Es liegt auf der Hand, daß die Qualifikation, Weiterbildung und Motivation des Laborpersonals von existentieller Bedeutung für ein Laboratorium sind und daß diesen Aspekten deshalb besondere Sorgfalt zu schenken ist.

Besondere Aufmerksamkeit ist in diesem Zusammenhang den leitenden Mitarbeitern des Prüflabors zu widmen, insbesondere der Laborleitung selbst. Wie bereits unter Abschnitt 2.1 ausgeführt wurde, sind mit Hinblick auf ihre Verantwortung an die Laborleitung besonders hohe Anforderungen zu stellen. Zwar schreibt die EN 45001 nicht genau vor, welche Anforderungen an eine Laborleitung sie für angemessen hält; in verschiedenen Bereichen gibt es aber allgemein anerkannte Standards an die Qualifikation des leitenden Personals in einem Prüflabor. Darüber hinaus haben auch Akkreditierungsstellen in ihren Regelwerken hierzu Festlegungen getroffen, die auf Anfrage mitgeteilt werden.

In diesem Abschnitt gehen wir vor allem auf folgende zentrale Punkte ein:

- Allgemeine Grundsätze des Personalmanagements.
- Festlegung der Anforderungen an das Laborpersonal bezogen auf seinen Einsatz.
- Fortlaufende Schulung und Weiterqualifizierung des Laborpersonals, bezogen auf seine Aufgaben.

Am Ende dieses Abschnitts sind zudem diverse Formblätter wiedergegeben, die bei der Umsetzung der gemachten Ausführungen unterstützen sollen.

2.5.2 Personal

Grundlage für eine ordentliche Personalpolitik und Personalentwicklung sind die Stellenbeschreibungen, die das Prüflaboratorium für alle besetzten oder zu besetzenden Stellen vorhalten muß. Es ist sinnvoll, die Stellenbeschreibungen auf einem einheitlichen Formblatt vorzuhmen. Am Ende dieses Abschnitts wird hierzu ein Muster vorgeschlagen. Die Stellenbeschreibungen müssen in regelmäßigen Abständen überprüft und den aktuellen Gegebenheiten und Anforderungen angepaßt werden. In kleineren Laboratorien wird diese Aufgabe in der Regel der Laborleiter selbst übernehmen. In größeren Labors mit einer komplexeren Aufbauorganisation sind die Zuständigkeiten entsprechend zu regeln. Es genügt, im QM-Handbuch eine entsprechende Aussage zu machen. Der Aufbewahrungsort für die Stellenbeschreibungen ist zu bestimmen und die Zugriffsregelungen sind zu definieren.

Es ist wichtig zu verstehen, daß Stellenbeschreibungen in der Regel insofern allgemein gehalten sind, als sie die allgemeinen und besonderen Voraussetzungen an den Stelleninhaber sowie seine Aufgaben beschreiben. Darüber hinaus wird es im Laboratorium im allgemeinen noch verschiedene andere Dokumente geben, aus denen sich konkrete Aufgaben, Pflichten und Rechte eines Mitarbeiters des Laboratoriums ergeben. Als Beispiel sei etwa seine Zuständigkeit für die Wartung und Kalibrierung eines bestimmten Prüfgerätes genannt. Solche spezifi-

schen ihm zugeschriebenen Aufgaben sind naturgemäß in der Stellenbeschreibung im allgemeinen nicht gesondert und einzeln aufgezählt. Sie müssen sich jedoch andererseits in dem generellen Rahmen bewegen, der durch die Stellenbeschreibung abgesteckt worden ist.
Generell ist zu empfehlen, daß der Erstellung der Stellenbeschreibungen große Sorgfalt geschenkt wird. Die fachlichen Anforderungen an die Qualifikation der Stelleninhaber müssen mit den tatsächlichen Gegebenheiten übereinstimmen.

Weiterhin ist darauf zu achten, daß das Verhältnis zwischen leitendem und ausführendem Personal im Laboratorium ausgewogen ist. Es ist allerdings schwierig, hierfür allgemein akzeptable Kennzahlen anzugeben. Beschäftigt sich ein Labor überwiegend mit der Durchführung von Routine-Verfahren, so sind die Anforderungen an das Personal in der Regel niedriger, als bei einem Labor mit einem signifikanten Forschungs- und Entwicklungsanteil für neue Prüfverfahren oder Prüfarten.
Da gut ausgebildetes Personal naturgemäß für ein Laboratorium höhere Personalaufwendungen erfordert, beobachtet man häufig eine Tendenz, mit weniger qualifiziertem und insgesamt mit möglichst wenig Personal auszukommen. Dies kann jedoch zu kritischen Situationen führen, wo eine kleine Gruppe von Laborpersonal mit der Durchführung einer zu großen Anzahl von Prüfverfahren betraut wird, die dann nicht sicher beherrscht werden.

Da im Rahmen von Akkreditierungsverfahren die fachliche Kompetenz eines Prüflaboratoriums überprüft wird, werden die Begutachter dem Laborpersonal und seiner Qualifikation große Aufmerksamkeit widmen. Es wird auch beurteilt, ob das Laborpersonal von seiner Kapazität her in der Lage ist, alle zur Akkreditierung angemeldeten Prüfverfahren sicher zu beherrschen.

In einigen Laboratorien kommt es vor, daß ein Teil des Personals nur für eine relativ kurze Zeit im Laboratorium beschäftigt ist, etwa zur Abwicklung bestimmter saisonbedingter Arbeiten, oder weil es speziell für die Lösung von bestimmten kurzfristigen Aufgaben eingestellt wurde. Dieses temporäre Personal sollte nicht die Mehrheit in einem Labor ausmachen. Die Erfahrung zeigt nämlich, daß die Stabilität des QM-Systems und der Abläufe in solchen Laboratorien aus verständlichen Gründen relativ gefährdet sind. Es empfiehlt sich, solches temporäres Personal nur unter strenger Aufsicht der Laborleitung oder der Prüfleiter und nur in wohldefinierten Bereichen arbeiten zu lassen. Im übrigen ist mit dem temporären Personal analog zu verfahren, wie mit dem Stammpersonal.

In Abschnitt 4 legt die EN 45001 fest: *"Das Prüflaboratorium und sein Personal müssen frei von jeglichen kommerziellen, finanziellen und anderen Einflüssen sein, die ihr technisches Urteil beeinträchtigen könnten."* Weiter heißt es: *"Die Vergütung des zu Prüftätigkeiten eingesetzten Personals darf weder von der Anzahl der durchgeführten Prüfungen noch von deren Ergebnis abhängen."*
Diese Bestimmungen zielen darauf ab, die Unparteilichkeit und Unabhängigkeit des Prüflaboratoriums zu sichern. Diese Bestimmungen stehen auf der anderen

Seite einer leistungsgerechten Entlohnung des Prüfpersonals nicht entgegen. Sie stellen auch nicht in Frage, daß der eigentliche Existenzgrund eines Laboratoriums ein kommerzieller sein mag.

2.5.3 Schulung und Weiterqualifizierung

Das Prüflaboratorium muß Verfahren einführen, die sicherstellen, daß sein Personal systematisch Schulungen und andere Maßnahmen zur Weiterqualifizierung absolviert, soweit dies für die ordnungsgemäße Durchführung der ihm übertragenen Aufgaben erforderlich ist. Beispiele für solche Maßnahmen sind:

- Teilnahme an Schulungsveranstaltungen von Laborgeräteherstellern und anderen Schulungsanbietern;
- Teilnahme an Fachtagungen;
- Literaturstudium;
- Mitarbeit in Fachgremien (z. B. Normengremien);
- interne Veranstaltungen des Laboratoriums (z. B. zu Themen des Qualitätsmanagements).

Es ist wichtig, daß die Verfahren für die Weiterqualifizierung des Personals und deren Dokumentation bezüglich der Abläufe, Zuständigkeiten und Inhalte festgelegt und eingehalten werden. Die Checkpunkte in Abschnitt 2.5.4 und die Formblätter in Abschnitt 2.5.5 können bei der Umsetzung hilfreich sein.

In diesem Zusammenhang ist auch der generelle Hinweis wichtig, daß Trainingsmaßnahmen nur dann ein sinnvolles Modul in einem QM-System sind, wenn sie mit Hinblick auf ihre Effektivität bewertet werden. Einige Schulungsveranstalter schließen ihre Programme mit einer theoretischen oder praktischen Prüfung ab. In diesen Fällen erfährt der Absolvent, mit welchem Erfolg er die entsprechende Schulung absolviert hat. In allen anderen Fällen - etwa auch zur Bewertung interner Trainingsmaßnahmen - ist dem Laboratorium zu empfehlen, selbst das Laborpersonal in angemessener Weise zu prüfen.

2.5.4 Checkpunkte zu Personal und Schulung

Nr.	Fragen	Bemerkungen
5-1	Liegen für alle im Laboratorium besetzten Stellen Stellenbeschreibungen vor?	
5-2	Sind die Zuständigkeiten für die Aktualisierung der Stellenbeschreibungen geregelt und schriftlich festgelegt?	
5-3	Sind der Aufbewahrungsort und die Zugriffsrechte für die Stellenbeschreibungen geregelt und schriftlich festgelegt?	
5-4	Ist der Inhalt und Umfang der Stellenbeschreibungen für die jeweiligen Funktionsbereiche angemessen?	
5-5	Liegt für jeden Mitarbeiter des Prüflabors eine Personalakte vor, aus der seine Ausbildung, sein beruflicher Werdegang, seine besonderen Qualifikationen und absolvierten Weiterqualifizierungsmaßnahmen ersichtlich sind?	
5-6	Liegen für diejenigen Mitarbeiter, für deren Aufgaben dies erforderlich ist, gültige aktuelle Ausbildungszertifikate vor?	
5-7	Sind die Zuständigkeiten für die Aktualisierung der Personalakten schriftlich geregelt?	
5-8	Sind der Aufbewahrungsort und die Zugriffsrechte für die Personalakten geregelt und schriftlich festgelegt?	
5-9	Wird mit allen Mitarbeitern des Prüflabors regelmäßig (z.B. jährlich) ein Mitarbeitergespräch geführt, in dessen Rahmen auch auf den Schulungsbedarf des betreffenden Mitarbeiters eingegangen wird?	

H. Kohl, Qualitätsmanagement im Labor

ISBN 3-540-58100-6

Nr.	Fragen	Bemerkungen
5-10	Sind die Zuständigkeiten für die Ermittlung des Schulungsbedarfs von Mitarbeitern festgelegt?	
5-11	Sind die Zuständigkeiten für die Genehmigung von Weiterbildungsmaßnahmen festgelegt?	
5-12	Sind Verfahren und die Zuständigkeiten für die Dokumentation der durchgeführten Weiterbildungsmaßnahmen festgelegt?	
5-13	Sind Verfahren und die Zuständigkeiten für die Bewertung der Effizienz der durchgeführten Weiterbildungsmaßnahmen festgelegt?	
5-14	Sind die durchgeführten Weiterbildungsmaßnahmen für die einzelnen Mitarbeiter des Prüflabors als angemessen und hinreichend zu bewerten?	
5-15	Wurden die Mitarbeiter des Prüflabors im Rahmen von Schulungsmaßnahmen in das QM-System des Prüflabors eingewiesen und sind die entsprechenden Maßnahmen als hinreichend zu bewerten?	
5-16	Gibt es spezielle Einführungen in das QM-System des Prüflabors für neue Mitarbeiter und sind diese Maßnahmen schriftlich festgelegt?	

H. Kohl, Qualitätsmanagement im Labor

ISBN 3-540-58100-6

2.5.5 Formblätter und Beispiele

Abbildung 2.5-1:

Das Formblatt kann als Beispiel für die Gliederung einer Stellenbeschreibung verwendet werden.

Abbildung 2.5-2:

Das Formblatt soll zur Aufzeichnung der von den einzelnen Mitarbeitern absolvierten Aus- und Weiterbildungsmaßnahmen dienen.

Abbildung 2.5-3 und Abbildung 2.5-4:

Die beiden Formblätter dienen als Nachweis für die Unterschriftsproben und die Kurzzeichen für das ständige und eventuell vorhandene temporäre Laborpersonal.

Stellenbeschreibung

Stelleninhaber:

1. Stellenbezeichnung

2. Dienstrang

3. Anforderungsprofil
3.1 Ausbildungsvoraussetzungen
3.2 Zusätzliche Anforderungsmerkmale
3.3 Einzusetzende Fachkenntnisse

4. Unterstellung

5. Überstellung

6. Stellvertretung
6.1 Der Stelleninhaber wird vertreten...
6.2 Der Stelleninhaber vertritt...

7. Ziel der Stelle

8. Aufgabenbereich im einzelnen
Der Stelleninhaber hat folgende Aufgaben selbst wahrzunehmen:
8.1 Führungsaufgaben
8.2 Fachliche Aufgaben

9. Befugnisse

10. Sonderaufgaben

11.Einzelaufträge

12. Umfang der Stellenbeschreibung

Erstellt:

Freigegeben:

Datum:

Unterschrift:

Abbildung 2.5-1: Formblatt Stellenbeschreibung

H. Kohl, Qualitätsmanagement im Labor

ISBN 3-540-58100-6

T+K
Labor

Aus- und Weiterbildung

Name, Vorname:

Funktion:

Eintrittsdatum:

Austrittsdatum:

Ausbildung:

Weiterbildung:

Datum	Int./Ext.	Inhalt	Dokument	Unterschrift Vorgesetzter

Abbildung 2.5-2: Formblatt Aus- und Weiterbildung

H. Kohl, Qualitätsmanagement im Labor

ISBN 3-540-58100-6

Unterschriftenliste
Ständiges Laborpersonal

Stand:

Name	Kurzzeichen	Unterschrift

Abbildung 2.5-3: Formblatt Unterschriftenliste "Ständiges Laborpersonal"

H. Kohl, Qualitätsmanagement im Labor

ISBN 3-540-58100-6

Unterschriftenliste
Temporäres Laborpersonal

Stand:

Name	Kurzzeichen	Unterschrift

Abbildung 2.5-4: Formblatt Unterschriftenliste "Temporäres Laborpersonal"

H. Kohl, Qualitätsmanagement im Labor

ISBN 3-540-58100-6

2.6 Prüfverfahren und Prüfanweisungen

2.6.1 Allgemeine Vorbemerkung

Im Punkt 5.4.1 der EN 45001 werden folgende Anforderungen an Prüfverfahren und Prüfanweisungen des Prüflabors definiert:

"Das Prüflaboratorium muß über geeignete schriftliche Anweisungen verfügen, sofern das Fehlen solcher Anweisungen die Wirksamkeit des Prüfablaufs gefährden könnte, und zwar alle Anweisungen für die Benutzung aller Prüfeinrichtungen, erforderlichenfalls für den Umgang mit und die Vorbereitung von Prüfgegenständen und Anweisungen für einheitliche Prüfverfahren. Alle Anweisungen, Normen, Handbücher und Referenzdaten, die für die Tätigkeit des Prüflaboratoriums von Bedeutung sind, müssen auf dem neuesten Stand gehalten werden und dem Personal leicht verfügbar sein.
Das Prüflaboratorium hat die Verfahren anzuwenden, die in der technischen Spezifikation festgelegt sind, nach der der Prüfgegenstand zu prüfen ist. Diese technische Spezifikation muß dem Prüfpersonal zugänglich sein.

Das Prüflaboratorium muß Aufträge ablehnen, Prüfungen nach Prüfverfahren durchzuführen, die ein objektives Ergebnis gefährden können oder von geringer Aussagekraft sind.
Ist es erforderlich, nichtgenormte Prüfverfahren und -anweisungen anzuwenden, so sind diese vollständig schriftlich niederzulegen.
Alle Berechnungen und Datenübertragungen müssen in geeigneter Form überprüfbar sein.
Wenn Prüfergebnisse mit Hilfe elektronischer Datenverarbeitung ermittelt werden, muß das DV-System so zuverlässig und stabil sein, daß die Genauigkeit der Prüfergebnisse nicht beeinträchtigt wird. Das System muß in der Lage sein, Störungen während des Programmablaufs zu entdecken und geeignete Maßnahmen zu ergreifen."

In diesem Abschnitt gehen wir auf wichtige Aspekte der praktischen Umsetzung dieser Anforderungen ein. Darunter fallen Themen wie Entwicklung von Prüfverfahren, Validierung von Prüfverfahren, Dokumentation und Lenkung von Prüfanweisungen, Verfahren zur Probenahme und einige andere Aspekte.
Es muß freilich betont werden, daß eine erschöpfende Darstellung dieses Themas auf engem Raum nicht möglich ist, da es sich im Detail um eine komplizierte und vielschichtige Materie handelt. Es kann an dieser Stelle nicht auf spezifische Anforderungen bestimmter Prüfarten oder Prüfverfahren eingegangen werden. Dennoch sollten die folgenden Ausführungen genügen, um den Leser für die wichtigsten Fragen zu sensibilisieren und zu skizzieren, was im Rahmen eines QM-Systems im Labor in Bezug auf Prüfverfahren und Prüfanweisungen zu tun ist.

Unter dem folgenden Punkt 2.6.2 wird eine relativ große Zahl von unterschiedlichen Fragen angesprochen, die mit Prüfverfahren und Prüfanweisungen zusammenhängen. Es kann für das Labor zweckmäßig sein, einzelne Themen in eigenen Unterabschnitten seines QM-Handbuches zu behandeln und aus diesen die entsprechenden Verfahrensanweisungen und sonstigen Dokumente zu referenzieren. Eine solche feinere Kapiteleinteilung könnte dann zum Beispiel folgende sein:

- System der Prüfverfahren und Prüfanweisungen;
- Probenahmeverfahren;
- Probenvor- und Probenaufbereitung;
- Validierung von Prüfverfahren;
- Rückführbarkeit von Meßwerten auf nationale und internationale Normale;
- Einsatz von statistischen Methoden im Prüflabor.

Die Gegebenheiten und speziellen Anforderungen des Labors sollten hier Richtschnur für die zweckmäßigste Darstellung sein.

2.6.2 Handhabung der Prüfverfahren und Prüfanweisungen

Ein Prüflabor muß in Bezug auf die von ihm entwickelten oder angewandten Prüfverfahren besondere Sorgfalt walten lassen. Wichtige und zu klärende Fragen im Zusammenhang mit Prüfverfahren und Prüfanweisungen sind zum Beispiel folgende:

- Wer darf im Labor welche Prüfverfahren entwickeln, freigeben oder anwenden?
- Wie wird bei der Übernahme von Prüfverfahren anderer Stellen durch das Labor verfahren?
- Wie werden Prüfverfahren an andere Stellen (Labors, Abteilungen usw.) weitergegeben?
- Gibt es allgemeine und spezielle Vorgaben für die Entwicklung von Prüfverfahren?
- Welche statistischen Verfahren werden im Rahmen der Beurteilung, Entwicklung und Validierung von Prüfverfahren eingesetzt?
- Welche statistischen und sonstige Verfahren werden bei der routinemäßigen Anwendung von Prüfverfahren zur Überwachung eingesetzt?
- Wie sind Prüfverfahren zu dokumentieren?
- Wie erfolgt die Lenkung von Prüfanweisungen?
- Welches sind die aktuell im Labor zugelassenen Prüfverfahren?
- .....

Das QM-Handbuch des Prüflabors sollte eine allgemeine Darstellung der Festlegungen, Abläufe und Zuständigkeiten zu diesen und verwandten Fragen bezüglich der Erstellung, Änderung, Validierung, Anwendung, Weitergabe usw. von Prüfverfahren und Prüfanweisungen enthalten. Es ist aber zweckmäßig, Einzelheiten nicht im QM-Handbuch, sondern in Verfahrensanweisungen festzulegen. Dies empfiehlt sich insbesondere bei größeren Laboreinrichtungen mit mehreren Prüfgebieten, da es hier unter Umständen nötig oder zweckmäßig sein kann, für die einzelnen Prüfbereiche gesonderte und auf die jeweiligen Besonderheiten individuell zugeschnittene Regelungen zu treffen. Solche Detailbestimmungen würden dem Umfang und der Übersichtlichkeit des QM-Handbuches nur schaden.

Das Prüflabor muß ein Verzeichnis der aktuell angewandten Prüfverfahren erstellen und auf dem neuesten Stand halten. Die in diesem Verzeichnis enthaltenen Prüfverfahren können genormte Verfahren sein, wie zum Beispiel DIN-, ISO-, EN-, ASTM-Verfahren usw.. Es können aber auch Verfahren von anderen Stellen oder Labors sein, die Prüfverfahren entwickeln. Schließlich können es natürlich auch vom Labor selbst entwickelte Prüfverfahren sein. Man nennt diese dann häufig Hausverfahren. Im Rahmen von Akkreditierungsverfahren muß das Prüflabor übrigens eine solche Liste der von ihm angewandten Prüfverfahren der Akkreditierungsstelle übergeben und darin kennzeichnen, für welche Prüfverfahren oder Prüfarten es akkreditiert werden möchte.

Das Prüflabor muß ein Verfahren einführen und dokumentieren, gemäß dem es bereits existierende Prüfverfahren bei sich einführt. Es muß betont werden, daß ein solches Verfahren in der Praxis zunächst häufig fehlt. Die Einführung eines für das Labor neuen Prüfverfahrens erfordert jedoch die Abklärung einer Reihe von wichtigen Fragen: Ist das Prüfverfahren bereits validiert? Ist die apparative Ausstattung des Labors hinreichend für die ordnungsgemäße Umsetzung des Prüfverfahrens? Bedarf es einer besonderen Einweisung des Prüfpersonals in die Anwendung des neuen Verfahrens?
Es ist wichtig, daß für die Entscheidung dieser und damit zusammenhängender Fragen auch die personellen Zuständigkeiten geregelt sind. Dabei ist es übrigens unglaubwürdig, alle Kompetenzen nur dem Laborleiter zuzuschreiben, wenn dieser in der Praxis zeitlich gar nicht in der Lage ist, alle diese Aufgaben neben seinen sonstigen Verpflichtungen zu erfüllen.

Ein besonderer Regelungsbedarf tritt bei der Entwicklung von Prüfverfahren durch das Labor auf. Unter welchen Umständen werden Prüfverfahren vom Labor entwickelt? In der Regel geschieht dies im Auftrag von Kunden oder wenn existierende Prüfverfahren nicht hinreichend sind für bestimmte Problemstellungen. Es muß geregelt werden, welche Personen im Labor überhaupt in welchen Gebieten Prüfverfahren entwickeln, validieren, freigeben und anwenden dürfen. Die generelle Vorgehensweise bei der Entwicklung von Prüfverfahren sollte in einer Verfahrensanweisung festgelegt sein.
Wichtige Aspekte hierbei sind: Genaue Festlegung der Anforderungen an das zu entwickelnde Prüfverfahren. Sicherstellung der apparativen Ausstattung, personellen Ressourcen und anderer Input-Faktoren. Definition von Meilensteinen und Haltepunkten, an denen Zwischenergebnisse verifiziert werden sollen. Durchführung und Dokumentation einer allgemeinen Machbarkeitsabklärung.
Der Entwicklungsprozeß muß in seinen wesentlichen Zügen nachvollziehbar sein und dokumentiert werden. Dazu ist es notwendig, daß auch vorläufige Verfahrensskizzen, Spektren, andere Rohdaten, Rückstellmuster usw. aufbewahrt werden.

Besondere Sorgfalt muß der Validierung von Prüfverfahren gewidmet werden. Die dabei vom Labor angewandten Verfahren fallen in der Regel in zwei Klassen. Es ist einerseits eine Gruppe von Verfahrensanweisungen auszuarbeiten, welche die allgemeinen Vorgaben für die Validierung von Prüfverfahren vorgibt. Diese sollten insbesondere Angaben enthalten über die anzuwendenden statistischen und sonstigen Verfahren zur Sicherstellung und Überprüfung der

- Spezifität und Selektivität,
- Nachweis- und Bestimmungsgrenzen,
- Präzision,
- Genauigkeit,
- Richtigkeit,
- Linearität,
- Robustheit,
- Wiederfindungsrate und
- Methodenfähigkeit

der Prüfverfahren. Daneben kann es zweckmäßig oder notwendig sein, bei der Validierung von speziellen Prüfverfahren besondere und von Fall zu Fall unterschiedliche Schritte - etwa bestimmte Ringversuche oder Vergleichsprüfungen - durchzuführen.
Es sei betont, daß hierbei in der Praxis häufig eine gravierende Nachlässigkeit der Labors festzustellen ist. Im Rahmen von Laborbegehungen werden immer wieder Fälle offenbar, wo das Laborpersonal zwar eine solide Zuversicht in die eingesetzten Prüfverfahren an den Tag legt, aber den faktischen Nachweis nicht erbringen kann, daß diese Zuversicht berechtigt ist.
In den letzten Jahren ist die Literatur zum Thema Validierung von Prüfverfahren stark angewachsen. Dem Labor ist zu empfehlen, diese zu Rate zu ziehen, wenn hierzu der Bedarf besteht. Die im Anhang angegebenen Referenzen können dabei hilfreich sein.

Ein weiterer wichtiger Aspekt ist die Dokumentation von Prüfverfahren. Dazu ist zu sagen, daß selbst entwickelte oder abgewandelte genormte Verfahren in jedem Falle und in allen Schritten dokumentiert werden müssen. Die EN 45001 fordert darüber hinaus, daß das Labor über schriftliche Anweisungen auch in den Fällen verfügen muß, wenn "*das Fehlen solcher Anweisungen die Wirksamkeit des*

Prüfablaufs gefährden könnte". Es ist also hier ein gewisser Raum für Auslegungen gegeben. Es sollte auch betont werden, daß unterschiedliche Akkreditierungs- und Zulassungsstellen diesen Passus unterschiedlich streng auslegen.

Es kann jedoch generell durchaus notwendig und nützlich sein, auch genormte Prüfverfahren in Prüfanweisungen umzusetzen und sie damit an bestehende Gegebenheiten und Gerätschaften des Labors anzupassen. Diese Anweisungen sollten dann auch Hinweise für die statistische Überwachung und andere qualitätssichernde Maßnahmen für das jeweilige Prüfverfahren enthalten und, wenn nötig, auf laborspezifische Gegebenheiten und Regelungen eingehen.
Der Umfang und die Ausführlichkeit der Prüfanweisungen muß so gewählt werden, daß auf ihrer Grundlage das Prüfverfahren von einer sachkundigen Person durchgeführt werden kann. Auf der anderen Seite ist hierbei natürlich der Ausbildungsstand des im Labor eingesetzten Personals zu berücksichtigen.

Was bisher über Prüfverfahren und Prüfanweisungen gesagt wurde, gilt in analoger Weise auch für die eingesetzten Probenahmeverfahren und Verfahren zur Probenvorbereitung. Häufig wird in Labors diesen Aspekten nicht genügend Aufmerksamkeit geschenkt. Dabei ist von vornherein klar, daß zum Beispiel eine falsch durchgeführte Probenahme eine anschließend durchgeführte noch so gute Analytik eigentlich überflüssig, da wertlos machen kann. Es ist daher wichtig, daß ein Prüflabor auch den Bereich der Probenahme mit großer Sorgfalt angeht und dort, wo es notwendig ist, entsprechende Validierungen und statistische Überwachungen durchführt.
Die vom Labor selbst entwickelten oder genormte Probenahmeverfahren sind daher analog zu den Prüfverfahren zu behandeln. Auch für sie ist neben den eigentlichen Festlegungen zur Methode zu klären, welche Personen als Probenehmer zugelassen werden. Häufig wird leider in der Praxis für solche Aufgaben schlecht oder gar nicht ausgebildetes Personal eingesetzt.
Im Rahmen von Akkreditierungsverfahren werden von den Begutachtern auch die Verfahren zur Probenahme begutachtet, wenn das Labor für diese akkreditiert werden möchte.

Die Dokumentation der Prüf- und Probenahmeverfahren sollte möglichst nach einheitlichen Regeln geschehen. Dazu muß das Prüflabor eine Verfahrensanweisung erstellen, in der Vorgaben für Aufbau, Gliederung, Inhalt, Darlegung der Abläufe, personelle Zuständigkeiten für die Erstellung, Prüfung und Freigabe von Verfahren usw. geregelt werden.

Einmal freigegebene Prüfverfahren des Labors müssen in angemessenen Zeitabständen auf Aktualität hin überprüft werden. In der Regel wird das Labor einmal jährlich die für die jeweiligen Prüfgebiete Verantwortlichen dazu auffordern, die in ihrem Laborbereich angewandten Prüfverfahren zu "durchforsten", um überholte, nicht mehr durchgeführte oder änderungsbedürftige Prüfverfahren entweder zurückzuziehen, zu sperren oder aber zu aktualisieren.

Eine wichtige Grundlage für solche Bewertungen von Prüfverfahren sind die im Rahmen ihrer Durchführung im Labor gewonnen Erfahrungen, über die angemessene Aufzeichnungen geführt werden sollten. Ein sehr hilfreiches Instrument hierzu sind Qualitätsregelkarten, die auch Auskunft über die Beherrschung des Prüfverfahrens in der individuellen Laborkonfiguration geben.
Die Theorie und Anwendung der Qualitätsregelkarten sind heute Folklore und die im Anhang zitierte Literatur gibt hierzu eine sehr gute Einführung. Es kann notwendig oder zweckmäßig sein, die Anwendung von Qualitätsregelkarten und anderen statistischen Verfahren zur Überprüfung von Prüfverfahren und Laborabläufen in eigenen Verfahrensanweisungen festzulegen und das Personal in ihrer Anwendung zu schulen.
Dasselbe gilt übrigens auch für die im Rahmen der Durchführung von Prüfungen wenigstens stichprobenartig durchzuführenden Plausibilitätsbetrachtungen und ähnlichen Checks. Leider muß man auch hierzu feststellen, daß in manchen Labors selbst unter Akademikern allzuoft eine "Apparategläubigkeit" verbreitet ist, die dazu führt, fast jedes Ergebnis einfach hinzunehmen, wenn es auf dem Ausdruck steht.

Es kommt vor, daß ein Prüflabor ein Prüfverfahren von einem anderen Labor übernimmt. Das Labor sollte Festlegungen treffen, wie in solchen Fällen verfahren wird und welche Schritte durchzuführen sind.
Dasselbe gilt für die Abgabe von Prüfverfahren an andere Stellen. Diese Stellen können entweder fremde Labors oder Auftraggeber sein. Es können aber auch andere Niederlassungen oder Abteilungen des eigenen Labors sein.
In diesen Fällen kann es wichtig sein sicherzustellen, daß die das Prüfverfahren übernehmende Stelle seine korrekte Anwendung gewährleisten kann. Dies kann eventuell mittels Eignungstests oder Ringversuchen überprüft und sichergestellt werden.

Für die sichere Beherrschung der Prüfverfahren ist natürlich auch die ordnungsgemäße Handhabung und Kalibrierung der Prüfmittel ausschlaggebend, ebenso der Einsatz von Referenzstandards. Die Prüfanweisungen sollten hierzu die notwendigen Hinweise und Querverweise auf mitgeltende Dokumente wie Kalibrieranweisungen enthalten. Im übrigen wurde auf die damit zusammenhängenden Fragen bereits im Abschnitt 2.4 eingegangen.

2.6.3 Checkpunkte zu Prüfverfahren und Prüfanweisungen

Nr.	Fragen	Bemerkungen
6-1	Liegt ein dem Änderungsstand unterliegendes aktuelles Verzeichnis der im Labor angewandten Prüfverfahren vor?	
6-2	Verfügt das Prüflabor über Verfahrensanweisungen zur Regelung der • Entwicklung, • Validierung, • Freigabe und • Anwendung von Prüfverfahren?	
6-3	Regeln die unter Frage 6-2 geforderten Verfahren auch die personellen Zuständigkeiten im Labor eindeutig?	
6-4	Verfügt das Prüflabor über Verfahrensanweisungen, wie Prüfverfahren von anderen Stellen übernommen und im Labor implementiert werden?	
6-5	Verfügt das Prüflabor über Verfahrensanweisungen, wie Prüfverfahren an andere Teile des Labors (z. B. Zweigniederlassungen) oder an externe Stellen übergeben werden und wie ihre korrekte Anwendung sichergestellt wird?	

H. Kohl, Qualitätsmanagement im Labor

ISBN 3-540-58100-6

Nr.	Fragen	Bemerkungen
6-6	Verfügt das Prüflabor über eine Verfahrensanweisung zur Regelung des Aufbaus von Prüfanweisungen und legt diese auch den Mindestinhalt von Prüfanweisungen fest?	
6-7	Verfügt das Prüflabor über Regelungen bezüglich der Freigabe und Lenkung von Prüfanweisungen?	
6-8	Verfügt das Prüflabor über Verfahren zur regelmäßigen Überprüfung der Aktualität von Prüfverfahren?	
6-9	Verfügt das Prüflabor über Verfahrensanweisungen zur Anwendung von statistischen und anderen Verfahren bei der Beurteilung, Entwicklung und Validierung von Prüfverfahren?	
6-10	Verfügt das Prüflabor über Verfahrensanweisungen zum Einsatz von statistischen und anderen Verfahren bei der Anwendung von Prüfverfahren (z. B. Qualitätsregelkarten, Plausibilitätschecks usw.)?	
6-11	Verfügt das Prüflabor über Verfahren zur Probenahme? Bemerkung: In diesem Falle gelten die Fragen 6-1 - 6-10 entsprechend auch für Probenahmeverfahren.	

H. Kohl, Qualitätsmanagement im Labor

ISBN 3-540-58100-6

2.7 Handhabung der Proben und Prüfgegenstände

2.7.1 Allgemeine Vorbemerkung

Im Punkt 5.4.5 der EN 45001 werden folgende Anforderungen an die Handhabung der Proben oder Prüfgegenstände definiert:
"Die Identifizierung der zu prüfenden oder zu kalibrierenden Proben oder Prüfgegenstände muß systematisch entweder durch Dokumente oder durch Kennzeichnung erfolgen, um sicherzustellen, daß eine Verwechslung bezüglich der Identität der Proben oder Prüfgegenstände und der Meßergebnisse nicht möglich ist.
Dieses System muß Vorkehrungen einschließen, um sicherzustellen, daß die Proben oder Prüfgegenstände anonym gehandhabt werden, z. B. gegenüber anderen Auftraggebern.
Sofern notwendig, muß ein Verfahren zur Aufbewahrung von Proben oder Prüfgegenständen unter Verschluß vorhanden sein.
In jedem Stadium der Lagerung, Behandlung und Vorbereitung für die Prüfung sind Vorsichtsmaßnahmen zu treffen, um Beschädigungen der Proben oder Prüfgegenstände z. B. durch Verschmutzung, Korrosion oder Überbelastung zu ver-

hindern, die die Prüfergebnisse verfälschen würden. Alle den Proben oder Prüfgegenständen beiliegenden Anweisungen müssen beachtet werden.
Für den Eingang, die Aufbewahrung und die Beseitigung von Proben oder Prüfgegenständen muß es eindeutige Regelungen geben."

Dieser Abschnitt beschäftigt sich mit verschiedenen Aspekten der Umsetzung dieser Anforderungen.

2.7.2 Annahme, Registrierung, Verteilung und Verfolgbarkeit der Proben und Prüfgegenstände

Die Annahme und Registrierung von Proben und Prüfgegenständen wird in der Laborpraxis häufig von schlecht oder gar nicht ausgebildeten Personen vorgenommen, was einige Gefahren bergen kann. Die Annahme und Registrierung einer Probe muß nämlich mit einer Sichtprüfung einhergehen, bei der die Unversehrtheit, die ordnungsgemäße Verpackung sowie die Zweckmäßigkeit des Versandes der Probe oder Prüfgegenstände zu beurteilen ist. Typische Frage hierzu: Kann durch die Versandart der Probe ihre Stabilität beeinträchtigt worden sein? Diese Beurteilung der eingehenden Sendungen verlangt einigen Sachverstand und gegebenenfalls die Einleitung einer Reklamation, etwa wenn Materialien offensichtlich beschädigt oder Proben verdorben sind. Es ist wichtig, die eingegangene Sendung mit der Spezifikation des Prüfauftrages zu vergleichen, der entweder dem Labor bereits vorliegt oder der Sendung beigefügt ist. Die Registrierung der Probe erfolgt dann entweder manuell durch Eintrag in das Probeneingangsbuch, Vergabe einer Registriernummer und Ausfüllen eines Probenbegleitblattes, auf dem die durchzuführenden Prüfungen und sonstigen relevanten Informationen zur Probe vermerkt werden. In vielen Fällen wird diese Registrierung heute mittels eines LIMS vorgenommen. Es folgt die anschließende Zwischenlagerung der Probe oder ihre Verteilung an die betroffenen Laboreinheiten, eventuell nach vorheriger Aufbereitung, Homogenisierung, Teilung usw..

Das Prüflabor muß Verfahren einführen, mit denen eine ordnungsgemäße Regelung der Abläufe und Zuständigkeiten bezüglich der Annahme, Registrierung, Verteilung und Verfolgbarkeit der Proben und Prüfgegenstände gewährleistet ist. Am Ende dieses Abschnittes wird beispielhaft ein Ablaufdiagramm angeführt, das den Leser zu eigenen Umsetzungen anregen soll.
Das Prüflabor sollte seine aktuell gültigen diesbezüglichen Abläufe, Regelungen und Zuständigkeiten durchdenken und auf Schwachstellen hin untersuchen. Dabei sollte auch bedacht werden, daß das Identifikationssystem für Proben so gestaltet werden sollte, daß eine eindeutige Rückverfolgbarkeit von Proben über einige Jahre möglich ist. Es sind in der Praxis schon Fälle vorgekommen, daß die Probenregistrierung nur durch fortlaufende Nummern erfolgte, wobei jedes Jahr im Januar mit der Probennummer 1 begonnen wurde. Mit einem solchen System kann nicht oder nur mit großer Mühe festgestellt werden, ob sich ein heute eingegangenes Dokument, das sich auf die Probennummer 346 bezieht, auf die

entsprechende Probe aus dem laufenden oder dem Vorjahr bezieht. Das Probenkennzeichnungssystem muß natürlich auch so gestaltet sein, daß die Eindeutigkeit der Rückverfolgung auch bei Teilungen der Probe eindeutig gewährleistet ist. Generell gilt folgende eigentlich triviale, aber nicht immer beherzigte Regel: Man muß für jede Probe, an jedem Ort des Labors und zu jedem Zeitpunkt feststellen können, woher diese Probe kommt, was mit ihr geschehen soll und was mit ihr bereits geschehen ist.

In der Praxis kommt es vielfach vor, daß eine Probe oder ein Prüfgegenstand unterschiedlichsten Prüfungen unterzogen werden muß, die in verschiedenen Laborbereichen, oder sogar Labors durchgeführt werden müssen. Man denke etwa an Prüfgegenstände, an denen elektrotechnische, mechanisch-technologische und chemische Prüfungen durchgeführt werden müssen. Für solche komplexen Problemstellungen sollte das Labor nicht zuletzt auch aus wirtschaftlichen Gründen eine optimale Logistik definieren und in Verfahrensanweisungen verbindlich regeln.

2.7.3 Lagerung der Proben und Prüfgegenstände

Auf die Lagerräume des Prüflabors und andere Einrichtung zur Lagerung wurde in anderem Zusammenhang bereits im Abschnitt 2.4 eingegangen. Es soll betont werden, daß sich gerade die Lagerung von Proben, Rückstellmustern und Prüfgegenständen bei Laborbegehungen häufig als mangelhaft herausstellt. Häufig fehlt es an geeigneten Lagermöglichkeiten. Es kann nicht hingenommen werden, daß etwa im analytischen Labor immer wieder Referenzstandards, Eingangs- und Rückstellproben gemeinsam nebeneinander im Regal stehen.
In Prüflabors für mechanisch-technologische Prüfungen fehlen öfters Lagerräume mit einer Überwachung der Umgebungsbedingungen, obgleich dies in manchen Fällen erforderlich wäre. Man glaubt hier häufig durch provisorische Regelungen die Situation im Griff zu haben, ohne dies freilich über einen längeren Zeitraum hinweg nachweisen und dokumentieren zu können.
Häufig sind auch Schwächen bei der eindeutigen Identifizierung von Rückstellproben festzustellen, weil das Kennzeichnungssystem für Proben mangelhaft ist.

Die Lagerung der Proben und Prüfgegenstände muß natürlich mit eventuell bestehenden gesetzlichen Vorschriften konform sein. Daneben können Auftraggeber dem Labor spezielle Anforderungen an die Lagerung ihrer Proben oder Prüfgegenstände vorgeben. Man denke hierbei etwa an die Situation, daß ein Hersteller einem Labor den bisher unveröffentlichten Prototyp eines Gerätes zur Prüfung übergibt. Der Hersteller wird in einer solchen Situation ein verstärktes Interesse an der Einhaltung der Vertraulichkeit und an der sicheren Aufbewahrung des Gerätes geltend machen.
Generell muß sichergestellt werden, daß durch die Lagerung vor und während der Prüfung die Proben und Prüfgegenstände nicht in einer Weise verändert oder beeinflußt werden, daß die Objektivität und Richtigkeit der Prüfergebnisse

gefährdet wird. Auch Rückstellproben sind unter kontrollierten Bedingungen zu lagern. Was die Rückstellproben betrifft, so muß das Labor ein System einführen, daß nach Ablauf der Aufbewahrungsfrist die Rückstellproben sachgemäß entsorgt werden. Das Prüflabor muß daher Verfahrensanweisungen einführen, welche die Lagerung der Proben und Prüfgegenstände vor, während und nach der Prüfung regeln. Wie üblich sind für die verschiedenen Maßnahmen die Abläufe und Zuständigkeiten zu regeln.

2.7.4 Verpackung und Versand von Proben und Prüfgegenständen

In manchen Labors tritt ein besonderer Regelungsbedarf bezüglich Verpackung und Versand von Proben und Prüfgegenständen auf. Es ist wichtig, daß das Labor die in dieser Richtung auftretenden Fälle analysiert und Verfahrensanweisungen zur Regelung der entsprechenden Abläufe und Zuständigkeiten erstellt. Die Verpackungs- und Versandanweisungen beziehen sich dabei natürlich nicht nur auf den Verkehr mit Stellen außerhalb des Labors, sondern auch innerhalb.
In einigen Bereichen existieren einschlägige gesetzliche Vorgaben, die berücksichtigt werden müssen. Man denke hierbei etwa an den Transport radioaktiver oder mikrobiologischer Proben. Es ist wichtig zu beachten, daß einige Proben nur unter kontrollierten Umgebungsbedingungen transportiert werden dürfen und andere vor externen Umwelteinflüssen abgeschirmt werden müssen. Versandpapiere und ähnliche Dokumente sind als Aufzeichnungen zu archivieren. Das mit den genannten und anderen Aufgaben betraute Laborpersonal ist mit den Regelungen vertraut zu machen.

2.7.5 Entsorgung von Proben und Prüfgegenständen

Das Prüflaboratorium muß ein auf seine individuellen Bedürfnisse und Gegebenheiten zugeschnittenes Entsorgungskonzept einführen, in dessen Rahmen auch die Entsorgung von Proben und Prüfgegenständen geregelt ist. Es versteht sich von selbst, daß dieses Entsorgungskonzept konform mit eventuell existierenden gesetzlichen Vorschriften, sonstigen Auflagen und auch Auflagen der Auftraggeber sein muß.
In vielen Prüflaboratorien fallen erhebliche Mengen an zu entsorgenden Materialien an. Neben Proben und Prüfgegenständen sind hier auch Chemikalien, Hilfsstoffe und andere Dinge zu nennen. Die einzelnen Kategorien von Stoffen verlangen in der Regel unterschiedliche Entsorgungskonzepte und Methoden der Vorbehandlung. Es ist daher zweckmäßig, hierfür allgemeine Regelungen im QM-Handbuch zu treffen, die Deteils jedoch in spezifischen Verfahrens- und Arbeitsanweisungen zu regeln. Diese enthalten dann auch die für die einzelnen Stoffklassen zutreffenden Verfahrensabläufe bei der Vorbehandlung (z. B. Anreicherung, Verdünnung usw.) und Entsorgung sowie die Regelung der persönlichen Zuständigkeiten im Labor.

2.7.6 Checkpunkte zur Handhabung der Proben und Prüfgegenstände

Nr.	Fragen	Bemerkungen
7-1	Verfügt das Prüflabor über Verfahrensanweisungen zur Annahme und Registrierung von Proben und Prüfgegenständen?	
7-2	Verfügt das Prüflabor über angemessene Verfahren zur Kennzeichnung der Proben und Prüfgegenstände?	
7-3	Verfügt das Prüflabor über angemessene und klare Regelungen bezüglich der Probenleitung im Labor?	
7-4	Verfügt das Prüflabor über angemessene Verfahren und Möglichkeiten zur Lagerung von Proben und Prüfgegenständen vor, während und nach der Prüfung?	
7-5	Verfügt das Prüflabor über Verfahrensanweisungen bezüglich Verpackung und Versand von Proben?	
7-6	Verfügt das Prüflabor über ein Entsorgungskonzept für Proben, Prüfgegenstände, Chemikalien usw., das den gesetzlichen und sonstigen Vorgaben genügt?	

H. Kohl, Qualitätsmanagement im Labor

ISBN 3-540-58100-6

2.7.7 Formblätter und Beispiele

Abbildung 2.7-1:

Die Abbildung illustriert am Beispiel des Ablaufs "Probeneingang und Probenregistrierung" die Verwendung von Ablaufdiagrammen. Letztere sollten in der gesammten QM-Dokumentation (QM-Handbuch, Verfahrens- und Arbeitsanweisungen) möglichst ausgiebig verwendet werden. Sie sind transparent und ermöglichen eine schnelle Orientierung für die jeweiligen Abläufe. Die Abläufe können je nach Bedarf noch mit der Definition der Zuständigkeiten für die einzelnen Schritte ergänzt werden.

Auf dem Markt gibt es zahlreiche Programmpakete, die die Erstellung solcher Diagramme erleichtern.

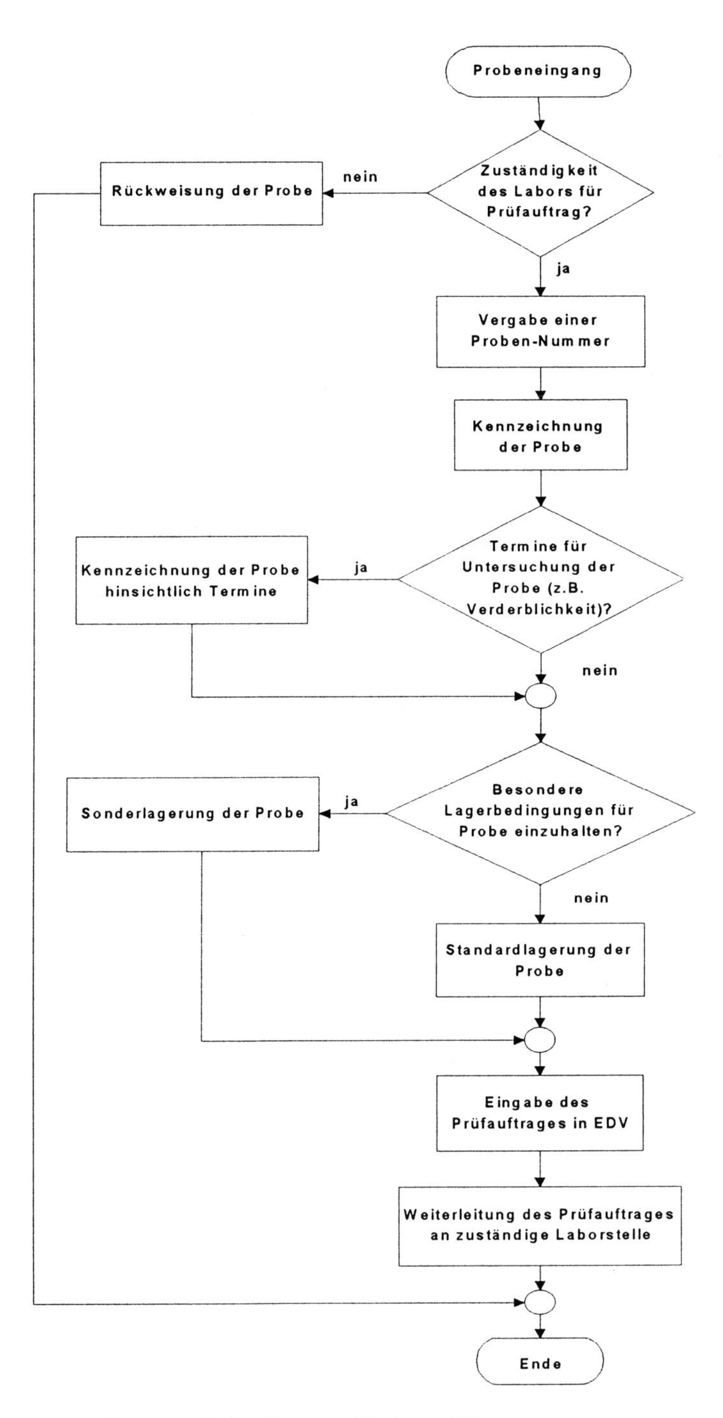

Abbildung 2.7-1: Probeneingang und Probenregistrierung

2.8 Aufzeichnungen und Archivierung

2.8.1 Allgemeine Vorbemerkung

An verschiedenen Stellen definiert die EN 45001 Anforderungen bezüglich der Aufzeichnungen in einem Prüflabor. Alle diese Anforderungen zielen darauf ab, folgende zwei Aspekte sicherzustellen:

- Nachweise über durchgeführte Aktivitäten im Labor;
- Nachvollziehbarkeit, Zuordenbarkeit und Rückvervollbarkeit wichtiger Aktivitäten und Arbeitsschritte im Labor.

Das vom Labor eingeführte und praktizierte System der Aufzeichnungen und das Konzept der Archivierung müssen auf seine individuellen Bedürfnisse zugeschnitten sein. Es versteht sich von selbst, daß eventuell existierende gesetzliche Vorgaben, Anforderungen von Auftraggebern oder sonstige Vorschriften erfüllt werden müssen. Über diese macht die EN 45001 wie immer keine expliziten Aussagen und kann sie nicht machen.

Beispiel: Ein Labor besitzt in einigen Bereichen auch eine GLP-Zulassung, oder strebt diese an. In diesem Falle wird es sein Archivierungs- und Dokumentationskonzept mindestens für die betroffenen Prüfbereiche so auslegen, daß die strengen GLP-Anforderungen bezüglich Dokumentation und Archivierung eingehalten werden.
In diesem, wie auch in anderen Fällen, ist es kein Problem, die Anforderungen der EN 45001 und andere Vorgaben in Einklang zu bringen.

Im Sinne der Definitionen in Abschnitt 2.3 handelt es sich bei den Aufzeichnungen um Nachweisdokumente. Im folgenden werden exemplarisch die wichtigsten Arten von Aufzeichnungen im Prüflabor behandelt. Es soll aber betont werden, daß Aufzeichnungen nicht nur in den weiter unten in diesem Abschnitt behandelten Zusammenhängen, sondern in praktisch allen Bereichen des Labors bei den verschiedensten Tätigkeiten anfallen, beziehungsweise anfallen sollten.
Wir wollen beispielhaft exemplarisch Aufzeichnungen zu folgenden zwei Aspekten behandeln, die auch von der EN 45001 explizit gefordert werden:

- Aufzeichnungen: Prüfberichte und Rohdaten;
- Aufzeichnungen: Prüfmittel.

Beispiele für weitere Aufzeichnungen sind z.B. folgende:

- Aufzeichnungen über interne Audits und Korrekturmaßnahmen;
- Aufzeichnungen über Vertragsprüfungen;
- Aufzeichnungen über Mitarbeiterschulungen;
- Aufzeichnungen über die Bewertung von Lieferanten und Unterauftragnehmern;
- Aufzeichnungen über Entwicklungsarbeiten für neue Prüfverfahren;
- Aufzeichnungen über die Planung und Bewertung des QM-Systems;
- usw..

2.8.2 System der Aufzeichnungen und Archivierung

Die EN 45001 definiert im Abschnitt 5.4.4 folgende Anforderungen an das System der Aufzeichnungen eines Prüflabors:

"Das Prüflaboratorium muß ein Aufzeichnungssystem unterhalten, das seinen besonderen Verhältnissen angepaßt ist und mit allen bestehenden Vorschriften übereinstimmt. Es sind alle ursprünglichen Beobachtungen, Berechnungen und abgeleiteten Daten, ebenso wie die Aufzeichnungen über Kalibrierungen und der endgültige Prüfbericht, über einen angemessenen Zeitraum aufzubewahren. Die Aufzeichnungen über jede Prüfung müssen genügend Angaben enthalten, um eine Wiederholung der Prüfung zu gestatten. Die Aufzeichnungen müssen Angaben

über die Personen enthalten, die an der Probenahme, der Probenvorbereitung oder der Prüfung beteiligt sind.
Alle Aufzeichnungen und Prüfberichte sind sicher aufzubewahren und im Interesse des Auftraggebers vertraulich zu behandeln, soweit gesetzlich nichts anderes verlangt ist."

Das Prüflabor sollte im QM-Handbuch sein Konzept bezüglich der Aufzeichnungen darlegen und von dort auf Verfahrensanweisungen bezüglich eventueller Detailregelungen verweisen. Es hängt unter anderem von der Größe und von den Arbeitsbereichen des Labors ab, wie umfangreich und komplex sein System der Aufzeichnungen ist. Unter Punkt 2.8.1 wurden bereits Beispiele für im Labor anfallende Aufzeichnungen gegeben. Es ist zweckmäßig, wenn im Zuge des Auf- oder Ausbaues eines QM-Systems im Labor festgelegt wird, welche Aufzeichnungen in den einzelnen Laborbereichen bzw. bei einzelnen Prozessen überhaupt anfallen, wer für ihre Anfertigung, Aufbewahrung usw. zuständig sein soll. Eine Matrixdarstellung kann dabei gute Dienste leisten. Dabei werden für jede Aufzeichnung folgende und eventuell weitere Aspekte festgelegt und in einer Matrix zusammengefaßt:

- Art der Aufzeichnung?
- Wer erstellt die Aufzeichnung?
- Wer prüft die Aufzeichnung (falls zutreffend)?
- Wer gibt die Aufzeichnung frei (falls zutreffend)?
- Aufbewahrungsort?
- Aufbewahrungsart?
- Aufbewahrungsdauer?

Auf diese Weise gelingt es, sehr schnell Transparenz und Übersicht in die vorhandenen beziehungsweise künftig zu führenden Aufzeichnungen zu bringen und notwendige Regelungen zu treffen.

2.8.3 Aufzeichnungen: Prüfberichte und Rohdaten

Die EN 45001 definiert im Abschnitt 5.4.3 dezidiert die Rolle und den Inhalt eines Prüfberichtes:

"Die von dem Prüflaboratorium durchgeführten Arbeiten sind in einem Bericht zusammenzufassen, der sorgfältig, klar und eindeutig die Prüfergebnisse und alle wichtigen Informationen wiedergibt.
Jeder Prüfbericht hat wenigstens folgende Angaben zu enthalten:

a) Name und Anschrift des Prüflaboratoriums und den Prüfort, sofern dieser nicht mit der Anschrift des Prüflaboratoriums übereinstimmt;

b) *eindeutige Kennzeichnung des Berichts (z. B. laufende Nummer) und jeder Seite des Berichtes, sowie Angabe der Gesamtseitenzahl des Berichtes;*

c) *Name und Anschrift des Auftraggebers;*

d) *Beschreibung und Bezeichnung des Prüfgegenstandes;*

e) *Eingangsdatum des Prüfgegenstandes und Datum (Daten) der Prüfung;*

f) *Bezeichnung der Prüfspezifikation oder Beschreibung von Prüfverfahren oder -anweisung;*

g) *gegebenenfalls Beschreibung der Probenahme;*

h) *alle Abweichungen, Zusätze oder Einschränkungen gegenüber der Prüfspezifikation sowie andere Informationen, die für eine spezielle Prüfung von Bedeutung sind;*

i) *Angaben über alle angewandten, nicht genormten Prüfverfahren oder -anweisungen;*

j) *Messungen, Untersuchungen und abgeleitete Ergebnisse, gegebenenfalls ergänzt durch Tabellen, Graphiken, Skizzen und Fotos, sowie alle festgestellten Fehler;*

k) *Angabe zur Meßunsicherheit (falls erforderlich);*

l) *Unterschrift und Titel oder gleichwertige Kennzeichnung von Personen, die die Verantwortung für den technischen Inhalt des Prüfberichtes übernehmen sowie Ausstellungsdatum;*

m) *Hinweis, daß die Prüfergebnisse sich ausschließlich auf die Prüfgegenstände beziehen;*

n) *Hinweis, daß ohne schriftliche Genehmigung des Prüflaboratoriums der Bericht nicht auszugsweise vervielfältigt werden darf.*

Besondere Sorgfalt und Aufmerksamkeit ist dem Aufbau des Prüfberichtes zu schenken, insbesondere hinsichtlich der Wiedergabe der Prüfdaten und der Verständlichkeit für den Leser. Der Aufbau ist sorgfältig und je nach Art der vorgenommenen Prüfung zu gestalten, jedoch sind soweit wie möglich einheitliche Überschriften zu verwenden.

Nach der Herausgabe eines Prüfberichtes sind Berichtigungen oder Zusätze ausschließlich in einem gesonderten Schriftstück vorzunehmen, das entsprechend gekennzeichnet ist, z. B. als "Änderung/Ergänzung zum Prüfbericht mit der

Nummer (oder mit sonstiger Bezeichnung)"; sie haben den einschlägigen Festlegungen der vorstehenden Abschnitte zu entsprechen.

Ein Prüfbericht darf weder Ratschläge noch Empfehlungen enthalten, die sich aus den Prüfergebnissen ergeben.

Die Prüfergebnisse sind in Übereinstimmung mit Anweisungen, die Teil der Unterlagen über das Prüfverfahren sein können, sorgfältig, klar, vollständig und eindeutig wiederzugeben.

Quantitative Ergebnisse sind mit der errechneten oder geschätzten Meßunsicherheit anzugeben (siehe Aufzählung k).

Prüfergebnisse, die für einen Prüfgegenstand erzielt wurden, der aus einem Los, einer Charge oder einer Produktionsmenge nach statistischen Festlegungen ausgewählt wurde, werden häufig dazu benutzt, Rückschlüsse auf die Merkmale des Loses, der Charge oder der Produktionsmenge zu ziehen. Jeder Schluß von den Prüfergebnissen auf die Merkmale des Loses, der Charge oder der Produktionsmenge muß in einem gesonderten Schriftstück vollzogen werden.

Anmerkung: Bei Prüfergebnissen kann es sich um Meßwerte, Feststellungen aufgrund einer Sichtprüfung oder einer Funktionsprüfung des Prüfgegenstandes, abgeleitete Ergebnisse oder jede andere Art von Beobachtung bei der Prüftätigkeit handeln. Prüfergebnisse können durch Tabellen, Fotos oder graphische Darstellungen aller Art, die entsprechend ausgewiesen sind, ergänzt werden."

Diese ausführlichen Vorgaben bedürfen nur weniger Erläuterungen. Aus der Praxis kann festgestellt werden, daß die meisten Prüflabors erst im Rahmen eines Akkreditierungsverfahrens Prüfberichte einführen, die den obigen Anforderungen genügen. Dabei ist es von besonderer Bedeutung, daß ein Prüfbericht nach EN 45001 keine Ratschläge oder Empfehlungen enthalten darf. Die Normengeber sehen hierin wohl eine gutachterliche oder Sachverständigentätigkeit, für die das Labor nicht akkreditiert wird. Die Akkreditierung gilt ja nur für bestimmte Prüfverfahren oder Prüfarten, aber nicht für Sachverständigentätigkeiten. Für letztere kann das Labor natürlich durchaus ebenfalls kompetent sein, nur ist das nicht das Thema der Akkreditierung von Prüflabors. Selbstverständlich kann das Prüflabor von ihm ausgestellte Prüfberichte kommentieren und Empfehlungen geben. Diese dürfen aber nicht Bestandteil des eigentlichen Prüfberichtes sein und das Prüflabor darf nicht den Anschein erwecken, es sei durch die Akkreditierung für solche Kommentare oder Empfehlungen als kompetente Stelle ausgewiesen.

Die Prüfberichte müssen über einen angemessenen Zeitraum archiviert werden. Sie müssen eine Kennzeichnung tragen, die es erlaubt, Prüfberichte und vom Labor durchgeführte Prüfungen auch über einen Zeitraum von mehreren Jahren einander zuzuordnen.

Aus dem unter 2.8.2 wiedergegebenen Zitat aus Punkt 5.4.4 der EN 45001 ergibt sich, daß auch die Rohdaten (Spektren, Berechnungen, Meßaufzeichnungen usw.) über einen angemessenen Zeitraum aufbewahrt werden müssen. Dasselbe gilt natürlich für die Prüfaufträge selbst. Das Prüflabor muß ein Archivierungs- und Kennzeichnungssystem einführen, mit dem es jederzeit möglich ist, die zusammengehörenden Aufzeichnungen zusammenzuführen und einander zuzuordnen. Dieses System kann sehr unterschiedlich gestaltet werden, es muß aber in der Praxis seine Wirksamkeit beweisen.
Im Rahmen von Laborbegehungen ist es üblich, aus dem Archiv irgendeinen Prüfbericht zu ziehen, dazu den Prüfauftrag und die Rohdaten heraussuchen zu lassen und an diesem und einigen anderen Vorgängen die Arbeitsweise des Labors und die Rückverfolgbarkeit von Abläufen zu prüfen. Dabei ist es selbstverständlich, daß ein Teil oder alle Daten auch nur "papierlos" verfügbar sein können.

Es bietet sich an, an dieser Stelle noch einen weiteren Aspekt zu regeln, der die Prüfberichte betrifft. Der Prüfbericht ist ja gewissermaßen das Abschlußdokument einer vom Labor durchgeführten Prüfung, in dem alle erzielten Resultate zusammengefaßt werden. In der Praxis kommt es häufig vor, daß im abschließenden Prüfbericht die Ergebnisse mehrerer Laborbereiche oder gar Labors zusammengefaßt werden müssen. Man denke etwa an einen ferngesteuerten Spielzeugtraktor, an dem mechanisch-technologische, chemische und EMV-Prüfungen durchzuführen sind. Für solche und noch komplexere Fälle muß das Labor Verfahren einführen, wer für die Abfassung und den Inhalt des Prüfberichtes letztlich zuständig und verantwortlich ist.

2.8.4 Aufzeichnungen: Prüfmittel

Wie schon im Abschnitt 2.4 herausgestellt wurde, muß das Prüflabor Aufzeichnungen über die im Labor eingesetzten *"wichtigen"* Prüf- und Meßeinrichtungen führen. Die Bestimmungen der EN 45001 im Punkt 5.3.3 lauten hierzu:

"Über jede wichtige Prüf- und Meßeinrichtung sind Aufzeichnungen anzufertigen. Jede Aufzeichnung muß folgendes enthalten:

a) Bezeichnung des Einrichtungsgegenstandes;
b) Herstellername, Typbezeichnung und Seriennummer;
c) Datum der Beschaffung und Datum der Inbetriebnahme;
d) gegebenenfalls gegenwärtiger Standort;
e) Anlieferungszustand (z. B. neu, gebraucht, überholt);
f) Einzelheiten der durchgeführten Wartung;
g) Angaben über Schäden, Funktionsstörungen, Änderungen oder Reparaturen."

Die EN 45001 fordert hier also Aufzeichnungen, aus denen die gesamte Geschichte eines Prüfgerätes zu entnehmen ist. In der Praxis sind verschiedene Möglichkeiten einer Umsetzung dieser Anforderungen denkbar. Das Prüflabor muß die für es passende, wirksame und kostengünstige Lösung auswählen. Sehr verbreitet sind zum Beispiel sogenannte Prüfmittel-Stammblätter, die in der Regel in unmittelbarer Nähe der Prüfgeräte bei den übrigen Geräteunterlagen aufbewahrt und manuell aktualisiert werden. Daneben gibt es in neuerer Zeit auf dem Markt diverse Softwarepakete, die netzfähig sind und eine elektronische Führung der Geräte-Logbücher gestatten. Für größere Labors dürfte eine solche Lösung heute der Standard sein.

Neben den genannten Aufzeichnungen über die Prüfgeräte ist bereits im Abschnitt 2.6 auf die Bedeutung von Qualitätsregelkarten hingewiesen worden. Die systematische Führung von Qualitätsregelkarten ist ein exzellentes Mittel zur Überwachung von Prüfgeräten im Zusammenhang mit der Durchführung von definierten Prüfungen. Dasselbe gilt natürlich für Kalibrierprotokolle. Das Prüflabor sollte sein Aufzeichnungssystem bezüglich der Prüfgeräte so gestalten, daß diese und ähnliche Unterlagen ebenfalls und über genügend lange Zeiträume hinweg für die einzelnen Prüfgeräte vorhanden sind.

2.8.5 Checkpunkte zu Aufzeichnungen und Archivierung

Nr.	Fragen	Bemerkungen
8-1	Verfügt das Prüflabor über Festlegungen und Verfahrensanweisungen, in welchen Bereichen und wie welche Aufzeichnungen anzufertigen sind?	
8-2	Verfügt das Prüflabor über Verfahrensanweisungen zur Regelung der Archivierung von Aufzeichnungen?	
8-3	Sind für die unterschiedlichen Aufzeichnungen jeweils der Aufbewahrungsort, die Aufbewahrungsart und die Aufbewahrungsdauer geregelt?	
8-4	Verfügt das Prüflabor über Aufzeichnungen über durchgeführte Validierungen von Prüfverfahren?	
8-5	Verfügt das Prüflabor über Rohdaten zu durchgeführten Prüfungen?	
8-6	Verfügt das Prüflabor über Aufzeichnungen über alle wichtigen Prüfgeräte und entsprechen diese Aufzeichnungen den Anforderungen der EN 45001?	
8-7	Werden Aufzeichnungen über durchgeführte Kalibrierungen geführt?	
8-8	Entsprechen die Prüfberichte des Labors den Anforderungen der EN 45001?	

H. Kohl, Qualitätsmanagement im Labor

ISBN 3-540-58100-6

2.9 Beschaffung und Unteraufträge

2.9.1 Allgemeine Vorbemerkung

Dieser Abschnitt beschäftigt sich mit der Planung, Lenkung, Überwachung und systematischen Verbesserung der Tätigkeiten im Labor, die mit der Beschaffung von Produkten und Dienstleistungen zusammenhängen. Die EN 45001 selbst ist zu diesem Themenkreis ziemlich wortkarg. Sie fordert explizit vor allem ein klares Konzept bei der Vergabe von Prüfaufträgen an externe Labors. Generell müssen jedoch nach der EN 45001 alle qualitätsrelevanten Aspekte im Labor ordentlich analysiert und entsprechende Maßnahmen eingeleitet werden. Bei der Beschaffung von Prüfgeräten, Chemikalien, Hilfsstoffen, Software usw. handelt es sich aber um qualitätsrelevante Aspekte mit großer Tragweite und weitreichenden Auswirkungen. Dasselbe gilt für den Einkauf von Wartungs- und Kalibrierdienstleistungen, Schulungen und anderen Dienstleistungen. Es muß daher das Ziel eines jeden Labors sein, diesbezüglich klare Kriterien zu entwickeln und entsprechend bei den Beschaffungsmaßnahmen zu erfüllen und systematisch eine Optimierung anzustreben.

Nur am Rande sei erwähnt, daß gerade das Element "Beschaffung von Produkten und Dienstleistungen" eine der treibenden Kräfte der Akkreditierungs- und Zertifizierungswelle ist, die in jüngster Zeit praktisch alle Wirtschaftsbranchen erfaßt hat. Praktisch jedes Unternehmen muß heute seine Qualitätspolitik definieren und die Qualitätsanforderungen festlegen, die es an seine Zulieferanten stellt. Zertifikate für QM-Systeme, Produkte, Dienstleistungen oder Personen tragen zur Vertrauensbildung zwischen Lieferanten und Abnehmern bei und sind daher häufig bereits eine Voraussetzung für wirtschaftliche Beziehungen.

Im folgenden werden beispielhaft nur zwei Aspekte des Elementes Beschaffung skizziert:

- Beschaffung: Prüfmittel, Hilfsstoffe und Referenzmaterialien;
- Beschaffung: Unteraufträge an externe Labors.

Der Leser sollte selbst prüfen, welche weiteren Themen er im Rahmen dieses QM-Elementes noch zusätzlich abhandeln möchte. Die individuellen Gegebenheiten und Anforderungen in den einzelnen Labors und Labortypen sind ja durchaus unterschiedlich. Die folgenden Ausführungen sollen daher den Leser nur motivieren, inspirieren und für die Thematik sensibilisieren.

2.9.2 Beschaffung: Prüfmittel, Hilfsstoffe und Referenzmaterialien

Ein Prüflabor kann nur dann als zuverlässiger und qualitätsfähiger Partner angesehen werden, wenn es sicherstellt, daß die Qualität der von ihm eingesetzten und zugekauften Produkte von einer für den Verwendungszweck hinlänglichen Qualität sind. Das Prüflabor muß daher Verfahren und Regeln für die Beschaffung von Prüfmitteln, Hilfsstoffen, Referenzmaterialien und anderen Produkten und Dienstleistungen festlegen. Es müssen die Qualitätsanforderungen an Lieferanten festgelegt werden, ebenso Kriterien für deren Auswahl und erstmalige und laufende Bewertung. Eine solche Bewertung und Beurteilung kann z. B. auf der Basis von Mustern, früheren Lieferungen usw. erfolgen. Bewertungen von Lieferanten sind in angemessenen Zeitabständen zu wiederholen. Daraus resultieren sollte unter anderem eine ständig zu aktualisierende Liste der vom Labor zugelassenen Lieferanten für die einzelnen zugekauften Produkte und Dienstleistungen.

Darüber hinaus muß im Prüflabor festgelegt sein, wer für die Beschaffung der einzelnen Produkte und Dienstleistungen im Labor jeweils zuständig ist, wer diesbezügliche Entscheidungen fällen darf, wer Lieferantenbewertungen durchführt, wer Kriterien hierfür festsetzt und anderes mehr.
Es sollte klar sein, daß in der Regel nicht Einzelpersonen, sondern diverse Vertreter des Labors bei den entsprechenden Festlegungen und Entscheidungen Mitspracherecht haben müssen. Geht es zum Beispiel um die Beschaffung von

Software, so wird das EDV-Personal hoffentlich mitwirken dürfen, um etwa Fragen der Kompatibilität mit vorhandener Hard- und Software und der Gesamtkonfiguration zu behandeln. Die Checkpunkte zu diesem Abschnitt enthalten typische Fragen zu den oben skizzierten Aspekten.

2.9.3 Beschaffung: Vergabe von Unteraufträgen an andere Prüflaboratorien

Im Abschnitt 5.4.7 macht die EN 45001 folgende Festlegungen bezüglich der Vergabe von Unteraufträgen an andere Labors:
"Prüflaboratorien haben in der Regel die Prüfungen, zu denen sie sich vertraglich verpflichten, selbst durchzuführen. Sollte ein Prüflaboratorium ausnahmsweise für einen Teil der Prüfung Unteraufträge vergeben, so müssen diese einem anderen Prüflaboratorium erteilt werden, das den hier genannten Anforderungen entspricht. Das Prüflaboratorium muß sicherstellen und nachweisen können, daß sein Auftragnehmer kompetent ist, die betreffenden Dienstleistungen zu erbringen, und denselben Kompetenzkriterien genügt, wie sie für das Prüflaboratorium in bezug auf die weitervergebenen Arbeiten gelten. Das Prüflaboratorium muß den Auftraggeber von seiner Absicht unterrichten, Prüfungen an eine andere Institution zu vergeben. Dieser Unterauftragnehmer muß für den Auftraggeber akzeptabel sein. Das Prüflaboratorium hat die Einzelheiten der Überprüfung der Kompetenz seiner Unterauftragnehmer und deren Einhaltung der Bedingungen aufzuzeichnen und aufzubewahren sowie ein Verzeichnis aller abgeschlossenen Unteraufträge anzulegen."

Diese Anforderungen bedürfen nur wenige Erläuterungen. Wichtig ist es, daß ein Prüflabor genaue und schriftliche Vorgaben definiert, welche Labors für es als Unterauftragnehmer in Frage kommen. In der Regel wird ein Labor ein Verzeichnis seiner unterauftragnehmenden Labors erstellen aus der auch ersichtlich ist, welche Prüfungen, Prüfverfahren oder Prüfarten es jeweils an diese Labors vergibt. Dabei ist es wichtig zu bemerken, daß Akkreditierungsstellen den durch sie akkreditierten Labors die Auflage erteilen können, nur an akkreditierte Labors Unteraufträge zu vergeben. Dies bedeutet für das auftraggebende Labor eine Einschränkung. Auf der anderen Seite hat eine solche Regelung für das auftraggebende Labor den Vorteil, nur an solche Labors Unteraufträge zu vergeben, deren fachliche Kompetenz bereits durch eine neutrale Akkreditierungsstelle bestätigt und überwacht wird. In allen anderen Fällen muß es selbst die fachliche Kompetenz, Unabhängigkeit usw. seiner Unterauftragnehmer begutachten, was mit einem erheblichen Aufwand auch finanzieller Art verbunden ist. Die in Abschnitt 3.3 dieses Buches wiedergegebene Checkliste nach EN 45001 kann dem Labor dabei eine Grundlage sein. Es müssen aber darüber hinaus auch jeweils die fachspezifischen Anforderungen für einzelne Prüfverfahren oder Prüfarten begutachtet werden. Über alle Aktivitäten in dieser Richtung müssen Aufzeichnungen geführt werden, auf die im Abschnitt 2.8 dieses Buches ebenfalls hingewiesen wird.

2.9.4 Checkpunkte zu Beschaffung und Unteraufträgen

Nr.	Fragen	Bemerkungen
9-1	**Beschaffung: Prüfmittel**	
9-1.1	Gibt es ein Verfahren für die Auswahl von Lieferanten von Prüfmitteln?	
9-1.2	Wie werden Lieferanten von Prüfmitteln beurteilt? Bemerkung: Mögliche Kriterien zur Beurteilung von Lieferanten wären z. B.: • Frühere Lieferungen und Leistungen; • Individuelle Präsentationen durch den Lieferanten; • Systemaudits beim Lieferanten oder dessen Zertifizierung; •	
9-1.3	Werden qualitätsbezogene Aufzeichnungen über Lieferanten von Prüfmitteln angefertigt und aufbewahrt?	
9-1.4	Gibt es Regelungen für die Aufnahme von Lieferanten von Prüfmitteln in die Lieferantenliste des Labors und liegt eine solche Liste vor? Bemerkung: Es sollten auch Regelungen für die Streichung von Lieferanten aus der Lieferantenliste vorhanden sein.	
9-1.5	Sind die Zuständigkeiten für die Festlegung der Anforderungen an zu beschaffende Prüfmittel im Labor geregelt?	

H. Kohl, Qualitätsmanagement im Labor

ISBN 3-540-58100-6

Nr.	Fragen	Bemerkungen
9-1.6	Sind die Zuständigkeiten geregelt für die Erstellung, Prüfung und Freigabe von Beschaffungsunterlagen für Prüfmittel? Bemerkung: Hierbei ist auch sicherzustellen, daß die Liefer- und Servicebedingungen des Lieferanten im Sinne des Labors sind.	
9-1.7	Enthalten die Beschaffungsunterlagen alle nötigen Angaben?	
9-1.8	Wird eine ordnungsgemäße Eingangs- und Annahmekontrolle von gelieferten Prüfmitteln durch das Labor durchgeführt?	
9-2	**Beschaffung: Software**	
9-2.1	Gibt es ein Verfahren für die Auswahl von Lieferanten von Software?	
9-2.2	Wie werden Lieferanten von Software beurteilt?	
9-2.3	Werden qualitätsbezogene Aufzeichnungen über Lieferanten von Software angefertigt und aufbewahrt?	

H. Kohl, Qualitätsmanagement im Labor

ISBN 3-540-58100-6

Nr.	Fragen	Bemerkungen
9-2.4	Gibt es Regelungen für die Aufnahme von Lieferanten von Software in die Lieferantenliste des Labors und liegt eine solche Liste vor? Bemerkung: Es sollten auch Regelungen für die Streichung von Lieferanten aus der Lieferantenliste vorhanden sein. Eine mögliche Regelung für die Aufnahme von Lieferanten in die Lieferantenliste könnte z. B. die sein, daß nur Lieferanten Aufnahme finden, die validierte Software anbieten.	
9-2.5	Sind die Zuständigkeiten für die Festlegung der Anforderungen an zu beschaffende Software im Labor geregelt?	
9-2-6	Sind die Zuständigkeiten geregelt für die Erstellung, Prüfung und Freigabe von Beschaffungsunterlagen für Software? Bemerkung: Hierbei ist auch sicherzustellen, daß die Liefer- und Servicebedingungen des Lieferanten im Sinne des Labors sind.	
9-2.7	Enthalten die Beschaffungsunterlagen alle nötigen Angaben?	
9-2.8	Wird eine ordnungsgemäße Eingangs- und Annahmekontrolle von gelieferter Software durch das Labor durchgeführt?	
9-3	**Beschaffung: Hilfsstoffe und Chemikalien**	
9-3.1	Gibt es ein Verfahren für die Auswahl von Lieferanten von Hilfsstoffen und Chemikalien?	

H. Kohl, Qualitätsmanagement im Labor

ISBN 3-540-58100-6

Nr.	Fragen	Bemerkungen
9-3.2	Wie werden Lieferanten von Hilfsstoffen und Chemikalien beurteilt?	
9-3.3	Werden qualitätsbezogene Aufzeichnungen über Lieferanten von Hilfsstoffen und Chemikalien angefertigt und aufbewahrt?	
9-3.4	Gibt es Regelungen für die Aufnahme von Lieferanten von Hilfsstoffen und Chemikalien in die Lieferantenliste des Labors und liegt eine solche Liste vor? Bemerkung: Es sollten auch Regelungen für die Streichung von Lieferanten aus der Lieferantenliste vorhanden sein.	
9-3.5	Sind die Zuständigkeiten für die Festlegung der Anforderungen an zu beschaffende Hilffstoffe und Chemikalien im Labor geregelt?	
9-3.6	Sind die Zuständigkeiten geregelt für die Erstellung, Prüfung und Freigabe von Beschaffungsunterlagen für Hilfsstoffe und Chemikalien? Bemerkung: Hierbei ist auch sicherzustellen, daß die Liefer- und Servicebedingungen des Lieferanten im Sinne des Labors sind. Man denke etwa an die Rücknahme nicht weiter verwendbarer Chemikalien durch manche Lieferanten.	
9-3.7	Enthalten die Beschaffungsunterlagen alle nötigen Angaben?	
9-3.8	Wird eine ordnungsgemäße Eingangs- und Annahmekontrolle durch das Labor durchgeführt?	

H. Kohl, Qualitätsmanagement im Labor

ISBN 3-540-58100-6

Nr.	Fragen	Bemerkungen
9-4	**Beschaffung: Referenzmaterialien**	
9-4.1	Gibt es Verfahren für die Auswahl von Lieferanten von Referenzmaterialien?	
9-4.2	Wie werden Lieferanten von Referenzmaterialien beurteilt?	
9-4.3	Werden qualitätsbezogene Aufzeichnungen über Lieferanten von Referenzmaterielien angefertigt und aufbewahrt?	
9-4.4	Gibt es Regelungen für die Aufnahme von Lieferanten von Referenzmaterialien in die Lieferantenliste des Labors und liegt eine solche Liste vor? Bemerkung: Es sollten auch Regelungen für die Streichung von Lieferanten von der Lieferantenliste vorhanden sein. Ein mögliches Kriterium für die Aufnahme eines Lieferanten könnte z. B. sein, daß der Lieferant wo möglich zertifizierte Referenzmaterialien liefern sollte.	
9-4.5	Sind die Zuständigkeiten für die Festlegung der Anforderungen an zu beschaffende Referenzmaterialien im Labor geregelt?	
9-4.6	Sind die Zuständigkeiten geregelt für die Erstellung, Prüfung und Freigabe von Beschaffungsunterlagen für Referenzmaterialien?	
9-4.7	Enthalten die Beschaffungsunterlagen alle nötigen Angaben?	
9-4.8	Wird eine ordnungsgemäße Eingangs- und Annahmekontrolle von Referenzmaterialien durchgeführt?	

H. Kohl, Qualitätsmanagement im Labor

ISBN 3-540-58100-6

Nr.	Fragen	Bemerkungen
9-5	**Beschaffung: Vergabe von Prüfaufträgen an andere Prüflaboratorien**	
9-5.1	Gibt es ein Verfahren für die Auswahl von unterauftragnehmenden Labors?	
9-5.2	Wie werden unterauftragnehmende Labors beurteilt? Bemerkung: Mögliches Kriterium könnte z. B. sein, daß unterauftragnehmende Labors die Anforderungen der EN 45001 erfüllen müssen und entsprechend begutachtet werden.	
9-5.3	Werden qualitätsbezogene Aufzeichnungen über unterauftragnehmende Labors in Übereinstimmung mit der EN 45001 angefertigt und aufbewahrt?	
9-5.4	Gibt es Regelungen für die Aufnahme von Labors in die Liste der zugelassenen unterauftragnehmenden Labors?	
9-5.5	Sind im Labor die Zuständigkeiten für die Begutachtung von unterauftragnehmenden Labors und deren Zulassung als Unterauftragnehmer geregelt?	

H. Kohl, Qualitätsmanagement im Labor

ISBN 3-540-58100-6

2.9.5 Formblätter und Beispiele

Abbildung 2.9-1:

Das Ablaufdiagramm stellt beispielhaft die typischen Schritte bei der Auswahl von Lieferanten für Prüfgeräte dar. Selbstverständlich sind analoge Abläufe auch für die Beschaffung von anderen Produkten und Dienstleistungen aufzubauen.

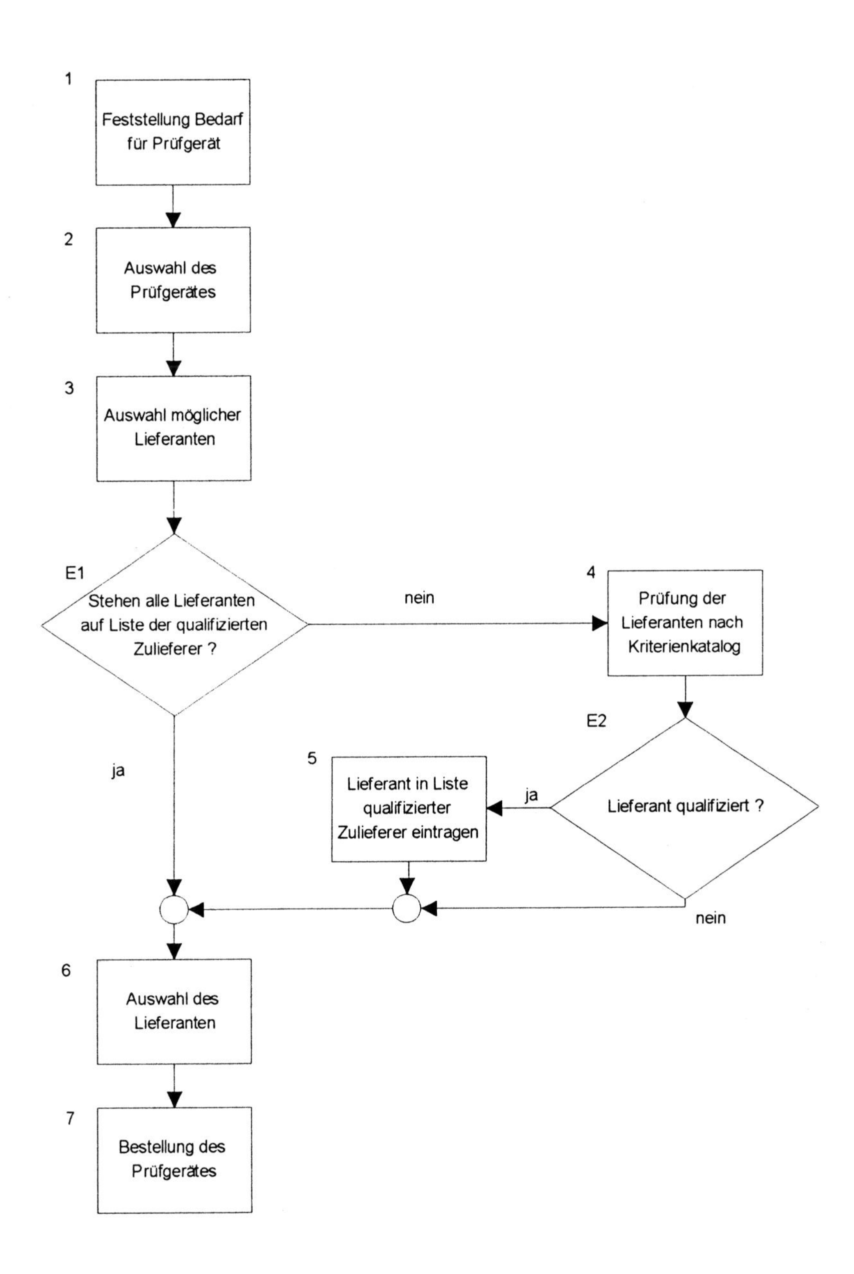

Abbildung 2.9-1: Auswahl von Lieferanten für Prüfgeräte

2.10 Zusammenarbeit mit Auftraggebern

2.10.1 Allgemeine Vorbemerkung

Der Punkt 6.1 der EN 45001 ist der Zusammenarbeit des Prüflabors mit Auftraggebern gewidmet. Dazu werden folgende Anforderungen definiert:

"Das Prüflaboratorium hat mit dem Auftraggeber oder dessen Vertreter in der Weise zusammenzuarbeiten, daß dieser den Auftrag erläutern und die Leistung des Prüflaboratoriums in bezug auf die durchzuführende Arbeit übersehen kann. Diese Zusammenarbeit muß beinhalten:

a) Gewährung des Zugangs für den Auftraggeber oder seinen Vertreter zu den betreffenden Bereichen des Prüflaboratoriums, um bei den Prüfungen, die für ihn durchgeführt werden, als Zeuge anwesend sein zu können. Es wird vorausgesetzt, daß ein solcher Zugang auf keinen Fall mit Regeln der Vertraulichkeit hinsichtlich der Arbeit für andere Auftraggeber und mit der Sicherheit in Konflikt gerät;

b) Vorbereitung, Verpackung und Versand von Proben oder Prüfgegenständen, die der Auftraggeber zwecks Überprüfung benötigt.

Das Prüflaboratorium muß über ein festgelegtes Beschwerdeverfahren verfügen. Dieses muß dokumentiert sein und auf Anfrage zur Verfügung stehen."

In der Regel wird ein Laboratorium auch ohne QM-System und EN 45001 wenigstens zu einigen der hier geforderten Punkte bereits Regelungen getroffen haben, etwa in seinen Allgemeinen Geschäftsbedingungen (AGB). Wo dies der Fall ist, sind diese Regelungen einfach in das QM-System und seine Dokumentation mit aufzunehmen. Dasselbe gilt für die versicherungsmäßige Deckung von Vermögens-, Sach- und Personenschäden. In diesem Abschnitt gehen wir auf diese und einige andere damit zusammenhängende Fragen ein. Der Abschnitt enthält auch Beispiele für Formblätter und Abläufe, die dem Labor als Anregung dienen können.

2.10.2 Auftragsprüfung, Auftragsannahme und administrative Auftragsabwicklung

Die von einem Prüflabor bearbeiteten Aufträge fallen in der Regel in verschiedene Kategorien. Es kann sich um Aufträge für Routineprüfungen handeln, die das Labor ständig und in großer Zahl durchführt. In anderen Fällen kann es notwendig sein, im Rahmen eines Prüfauftrages ein Prüfverfahren neu zu entwckeln oder bestehende Verfahren an eine spezielle Situation anzupassen. Auf ein Labor können Aufträge zukommen, die seine momentane Kapazität an Probendurchlauf übersteigen oder welche die Anschaffung eines bestimmten Prüfgerätes erforderlich machen. In anderen Fällen kann es notwendig werden, Unteraufträge an externe Labors zu vergeben.
In der Regel haben Prüflaboratorien Versicherungen für Sach-, Vermögens- und Personenschäden. Es kann vorkommen, daß die entsprechenden Deckungssummen zwar für Standardaufträge des Labors ausreichend sind, in speziellen Situationen aber nicht hinreichen oder in ihrer Höhe vom Auftraggeber nicht akzeptiert werden.
Dies sind nur einige willkürliche, aber typische Beispiele zur Motivation, daß das Thema Auftragsprüfung und Auftragsannahme sensibel, kompliziert und von großer Reichweite sein kann.

Ein Prüflabor muß daher die für es üblichen und von ihm akzeptierten Auftrags- und Vertragsarten definieren und klassifizieren. Für die einzelnen Auftrags- und Vertragsarten ist festzulegen, wie und durch welche Personen die Prüfung der Vorgänge im Labor erfolgt. Es ist sinnvoll, die entsprechenden Abläufe in Ablaufdiagrammen und die jeweiligen Zuständigkeiten in Zuständigkeitsmatrizen festzuhalten, wie dies an verschiedenen Stellen dieses Buches in Beispielen vorgeschlagen wird.

Ein integraler Bestandteil der Vertragsprüfung ist die Machbarkeitsprüfung mit der zentralen Frage: "Sind die Anforderungen und Vorstellungen des Auftraggebers durch uns als Labor inhaltlich, terminlich und innerhalb des vorgegebenen Kostenrahmens überhaupt erfüllbar?"
Es ist wichtig, daß bei den zur Beantwortung dieser Frage notwendigen Entscheidungen alle Schnittstellen, Entscheidungspfade usw. im Labor berücksichtigt und geregelt werden. Ist z. B. für einen bestimmten Prüfauftrag die Beschaffung eines Prüfgerätes nötig, so ist im allgemeinen im Labor ein bestimmter Entscheidungsprozeß einzuleiten, der unter Umständen die Einbeziehung von Stellen erfordert, die nicht der technischen Laborleitung unterstehen usw..

Ein wesentlicher Aspekt ist auch die nachträgliche Änderung von Aufträgen und damit zusammenhängenden Verträgen. Beispiel: Nach geschlossener Vereinbarung über die Durchführung einer Prüfung ruft ein Vertreter des Auftraggebers an und wünscht die zusätzliche Bestimmung eines bestimmten Wertes an der Probe.

Es können verschiedene Situationen eintreten. Die Bestimmung des verlangten zusätzlichen Wertes wäre vom Labor problemlos durchzuführen. Aber war der Vertreter des Auftraggebers wirklich und nachweislich autorisiert für die Modifikation des Auftrages? Liegt eine schriftliche Bestätigung dieser Modifikation vor? Wie steht es mit der Akzeptanz der vermutlich höheren Prüfkosten durch den Auftraggeber? Sind unter den neuen Bedingungen früher getroffene Terminvereinbarungen durch das Labor noch einzuhalten? Wer entscheidet diese Fragen im Labor? Wer ist im Labor für die Dokumentation der Auftrags-und Vertragsänderung zuständig? Sind die Labormitarbeiter in diesen und ähnlichen Fragen geschult? Kennen sie die Zuständigkeiten und Entscheidungswege im Labor?

Diese Beispiele sollen genügen, um den Leser von der Bedeutung und Notwendigkeit entsprechender Regelungen zu überzeugen. Wichtig ist hier auch der Hinweis, daß angemessene und praktikable Regelungen zu diesem Punkt nicht nur ein hohes Maß an Rechtssicherheit bringen, sondern wesentlich dazu beitragen, im Labor Kosten zu sparen. Es ist eben im allgemeinen billiger einmal adäquate Prozesse zu etablieren, als im täglichen Laborbetrieb von Fall zu Fall ad hoc Entscheidungsmodelle für die oben skizzierten Fragen zu kreieren.

An dieser Stelle ist noch eine andere Empfehlung wichtig. Die EN 45001 zielt mit ihren Anforderungen in erster Linie auf die Sicherung der fachlichen Kompetenz des Labors. Für den Betreiber eines Labors ist es aber zweckmäßig, auch für die ordnungsgemäße und wirtschaftliche Abwicklung von administrativen Abläufen die nötigen Vorkehrungen zu veranlassen. Die Überschrift zu diesem Unterabschnitt lautet daher auch "..... und administrative Auftragsabwicklung". Die Leitung eines Prüflabors sollte Verfahrensanweisungen einführen und in das QM-System einbinden, mit denen die Fragen "Wie und Wer" bezüglich der administrativen Auftragsabwicklung geregelt und beschrieben werden. Es soll schon vorgekommen sein, daß Teile eines Labors dadurch lahmgelegt wurden, weil die Dame, die sonst die Abrechnungen gemacht hat, die Grippe hatte. Die Definition von gut überschaubaren Arbeitsabläufen und ihre Dokumentation kann dazu beitragen, in solchen Fällen viel Leerlauf zu vermeiden.

In der EN 45001 gibt es neben den bereits genannten, einige weitere verstreute Stellen, die sich ebenfalls auf die Zusammenarbeit des Prüflabors mit seinen Auftraggebern beziehen. Im Punkt 5.4.6 der EN 45001 heißt es: *"Sicherstellung der Vertraulichkeit: Das Personal des Prüflaboratoriums muß das Berufsgeheimnis in bezug auf alle Informationen, die es in Erfüllung seiner Aufgaben erhält, beachten. Das Prüflaboratorium hat gemäß den Vertragsbedingungen bei seinen Arbeiten die Vertraulichkeit sicherzustellen."*
Diese Forderung verlangt keinen weiteren Kommentar. Das Labor wird für jeden seiner Mitarbeiter bei den Personalunterlagen jeweils eine vom Mitarbeiter unterzeichnete Erklärung vorhalten, daß er zur Verschwiegenheit verpflichtet ist.

Zwei weitere Stellen der EN 45001 beschäftigen sich mit der Notwendigkeit, daß zwischen Prüflabor und Auftraggeber eine genaue Abstimmung über das anzuwendende Prüfverfahren zu treffen ist. Im Punkt 5.1 der EN 45001 heißt es: *"Beim Fehlen eines anerkannten Prüfverfahrens ist eine schriftliche Vereinbarung zwischen Auftraggeber und Prüflaboratorium über das Prüfverfahren zu treffen".*
Und im Punkt 5.4.1 der EN 45001: *"Das Prüflaboratorium muß Aufträge ablehnen, Prüfungen nach Prüfverfahren durchzuführen, die ein objektives Ergebnis gefährden können oder von geringer Aussagekraft sind."*
Beide Aspekte müssen vom Labor im Rahmen der Auftragsprüfung und Auftragsannahme berücksichtigt werden.

2.10.3 Beschwerdeverfahren

In der oben zitierten Passage des Punktes 6.1 der EN 45001 wird vom Labor die Einführung eines Beschwerdeverfahrens verlangt. Das Beschwerdeverfahren muß eindeutig definiert sein und auf Anfrage vorgelegt werden. Im Punkt 5.4.2 fordert die EN 45001 zudem, daß das Beschwerdeverfahren im QM-Handbuch des Labors enthalten sein muß.

Im ersten Schritt ist es für das Labor zunächst einmal wichtig zu definieren, was überhaupt aus seiner Sicht als Beschwerde angesehen wird und wie diese vorzubringen ist - in der Regel nämlich in schriftlicher Form. Sodann ist es zweckmäßig, die einzelnen Schritte der Erfassung, Bearbeitung und Auswertung einer Beschwerde festzulegen und die personellen Zuständigkeiten im Labor zu definieren. Was die Festlegung der Abläufe betrifft, so bringt der Abschnitt 2.10-5 ein Beispiel, wie diese gestaltet werden können. Es sollte aber beachtet werden, daß der dort skizzierte Ablauf nicht mehr als ein Beispiel zu Illustration sein soll. Die typischen Schritte sind freilich allgemein üblich.
Eine schriftlich eingegangene Beschwerde wird offiziell registriert. Im Abschnitt 2.10.5 sind hierzu Formblätter als Beispiel wiedergegeben. Im nächsten Schritt wird geprüft, ob es sich bei der Beschwerde um eine allgemeine Beschwerde gegen das Prüflabor handelt, oder ob es sich um eine Beschwerde handelt, die eindeutig einem bestimmten Prüfauftrag zugeordnet werden kann. Das Prüflabor muß sodann feststellen, ob die Beschwerde zu Recht besteht. Ist dies der Fall, muß es Maßnahmen zur Beseitigung der Beschwerde vorschlagen und durchführen. Kann mit dem Beschwerdeführer keine Einigung erzeugt werden, muß entweder den Rechtsweg beschritten werden, oder ein externes Labor wird mit einer Gegenprobe beauftragt.
Der Abschluß eines Beschwerdeverfahrens ist in jedem Falle schriftlich zu dokumentieren und es ist zu prüfen, ob dieses Verfahren Auswirkungen auf andere durchgeführte Prüfungen hat oder ob Wiederholungen der Fehlerursache möglich sind. Die Abbildung 2.10.2 skizziert einen diesbezüglichen Ablauf, der natürlich ebenfalls nur als Muster und Anregung für die eigene Ausarbeitung des Lesers gedacht ist.

Neben der Festlegung der Abläufe für ein Beschwerdeverfahren sind auch die Zuständigkeiten für die einzelnen Schritte im Labor zu regeln. Es ist üblich, daß der QM-Beauftragte des Labors gemeinsam mit der Laborleitung für die Abwicklung und Auswertung von Beschwerden federführend und überwachend betraut werden.

2.10.4 Checkpunkte zur Zusammenarbeit mit Auftraggebern

Nr.	Fragen	Bemerkungen
10-1	Verfügt das Prüflaboratorium über Verfahrensanweisungen zur Regelung der Zusammenarbeit mit Auftraggebern?	
10-2	Enthalten diese Regelungen klare Aussagen darüber, wie das Prüflabor Prüfaufträge mit seinen Auftraggebern abstimmt?	
10-3	Stellt das Prüflabor sicher, daß Auftraggeber bei den von ihnen in Auftrag gegebenen Prüfungen anwesend sein können?	
10-4	Verfügt das Prüflabor über eine ausreichend hohe Versicherung zur Abdeckung von Sach-, Vermögens- und Personenschäden?	
10-5	Enthalten die Allgemeinen Geschäftsbedingungen oder sonstigen vertraglichen Vereinbarungen alle relevanten Vertragselemente?	
10-6	Verfügt das Prüflabor über Verfahrensanweisungen zur Regelung der Vorgehensweise und der Zuständigkeiten bei der Auftragsprüfung, Auftragsannahme und Auftragsabwicklung?	
10-7	Verfügt das Prüflabor über ein dokumentiertes Beschwerdeverfahren und ist dieses für die Bedürfnisse des Labors hinreichend?	
10-8	Verfügt das Prüflabor über Aufzeichnungen über eingegangene und abgearbeitete Beschwerden?	

H. Kohl, Qualitätsmanagement im Labor

ISBN 3-540-58100-6

Nr.	Fragen	Bemerkungen
10-9	Besitzt das Prüflabor ein schriftlich festgelegtes Beschwerdeverfahren und ist dieses angemessen?	
10-10	Werden über Beschwerden schriftliche Aufzeichnungen geführt?	
10-11	Werden umfassende Maßnahmen zur Behandlung von Beschwerden durchgeführt und wird dabei geprüft, ob eine Beschwerde Auswirkungen auf andere Prozesse, Prüfungen usw. mit sich zieht?	
10-12	Existiert ein Verfahren zur Prüfung, ob registrierte und berechtigte Beschwerdefälle sich wiederholen können und werden entsprechende Korrekturmaßnahmen eingeleitet?	
10-13	Werden über durchgeführte Korrekturmaßnahmen im Anschluß an Beschwerden Aufzeichnungen geführt?	

H. Kohl, Qualitätsmanagement im Labor

ISBN 3-540-58100-6

2.10.5 Formblätter und Beispiele

Abbildung 2.10-1:

Das Formblatt dient als Muster für eine standardmäßige Erfassung von Beschwerden.

Abbildung 2.10-2:

Die Abbildung stellt einen Standardablauf für die Erfassung von Beschwerden dar. Dem Labor ist unbedingt zu empfehlen, seine konkreten Bedürfnisse entsprechend zu berücksichtigen. Einige Aspekte sind in dem gebrachten Muster nicht enthalten. So z.B. die Frage, was im Falle einer Nichteinigung zwischen Labor und Beschwerdeführer passiert. In einem solchen Fall darf natürlich der Rechtsweg nicht ausgeschlossen werden, bzw. es wird eine Schiedsstelle eingeschaltet.

Abbildung 2.10-3:

Die Abbildung stellt einen Standardablauf zur Auswertung von Beschwerden dar. Auch sie ist nur ein Muster zur Inspiration. Ziel ist es, eingetretene Fehler auf ihre Auswirkung hin zu überprüfen und ggf. Korrekturmaßnahmen einzuleiten.

T+K Labor

Behandlung von Beschwerden

1. Vom Beschwerdeempfänger auszufüllen

Datum

Auftraggeber

Kontaktperson

Auftrags-Nr.

Gegenstand der Beschwerde

Unterschrift Beschwerdeempfänger

2. Von der Laborleitung auszufüllen

Welchem Prüfbereich ist die Beschwerde zuzuordnen?

Welche anderen Prüfbereiche sind betroffen?

Wer ist für die Behandlung der Beschwerde verantwortlich?

Unterschrift Laborleitung Datum

3. Von der betroffenen Prüfleitung auszufüllen

3.1 Ursachenabklärung

- ❐ Berechnungs- oder Übertragungsfehler
- ❐ Messfehler (Analyse wiederholt)
- ❐ Verfahrensfehler (Verfahren überprüft)
- ❐ sonstige Fehler

3.2 Hat diese Beschwerde Auswirkungen auf andere Prüfungen?

- ❐ nein
- ❐ ja, ab welchem Datum (Auftrags-Nummer)

Abbildung 2.10-1: Formblatt Behandlung von Beschwerden

H. Kohl, Qualitätsmanagement im Labor

ISBN 3-540-58100-6

T+K
Labor

Behandlung von Beschwerden

3.3 Welche Maßnahmen wurden getroffen?

- Erledigung der Beschwerde — Datum

☐ Telefon

☐ Brief

☐ korrigierter Prüfbericht

- Änderung des Prüfverfahrens

☐ nein

☐ ja, welche

- organisatorische Maßnahmen? (auch rückwirkende?)

☐ nein

☐ ja, welche

	Datum	Unterschrift
Prüfleitung		
Laborleitung (z.Kts.)		
QSB (Beurteilung, Ablage)		

Abbildung 2.10-1: Formblatt Behandlung von Beschwerden - Fortsetzung -

H. Kohl, Qualitätsmanagement im Labor

ISBN 3-540-58100-6

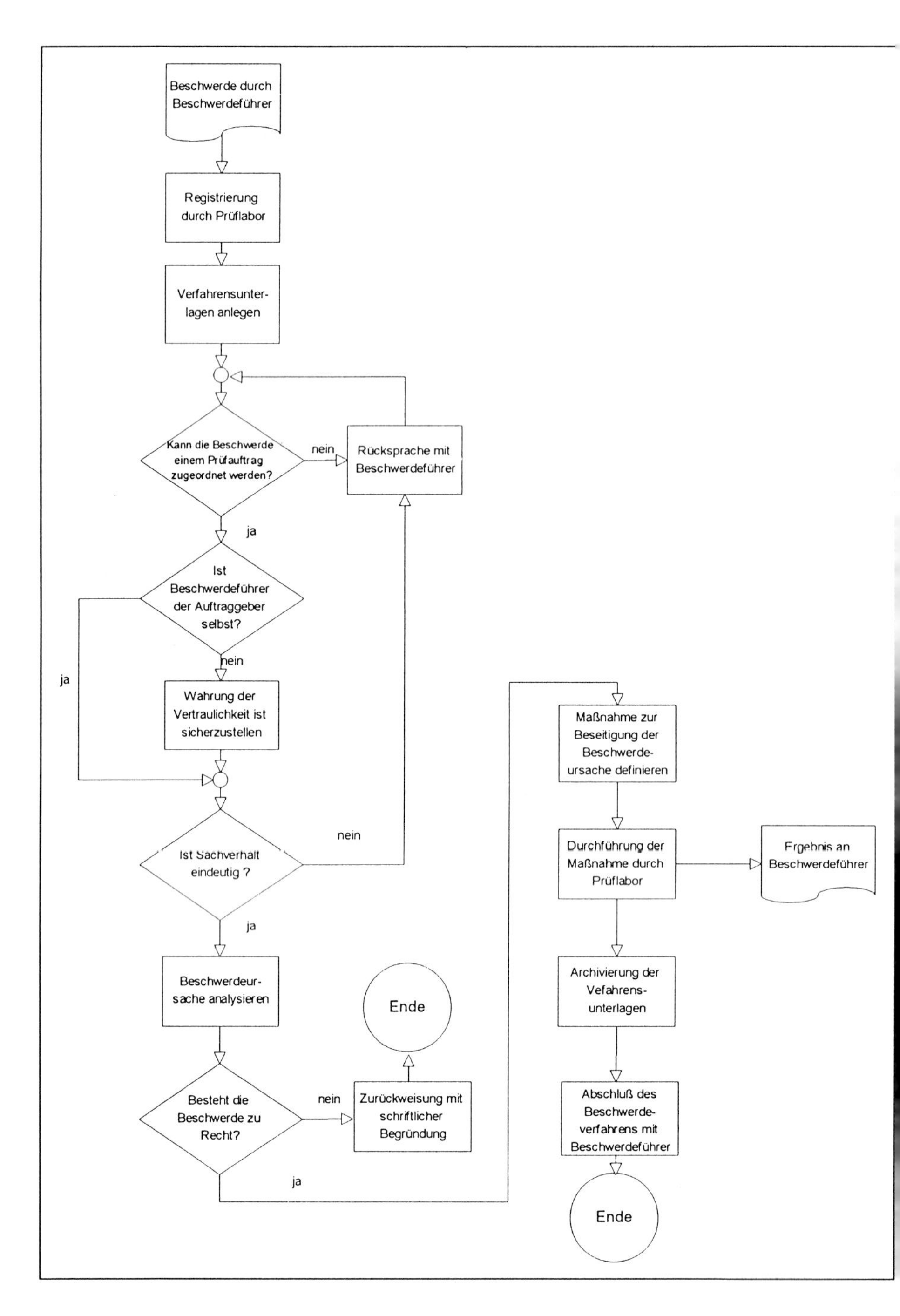

Abbildung 2.10-2: Ablaufdiagramm Registrierung von Beschwerden

H. Kohl, Qualitätsmanagement im Labor

ISBN 3-540-58100-6

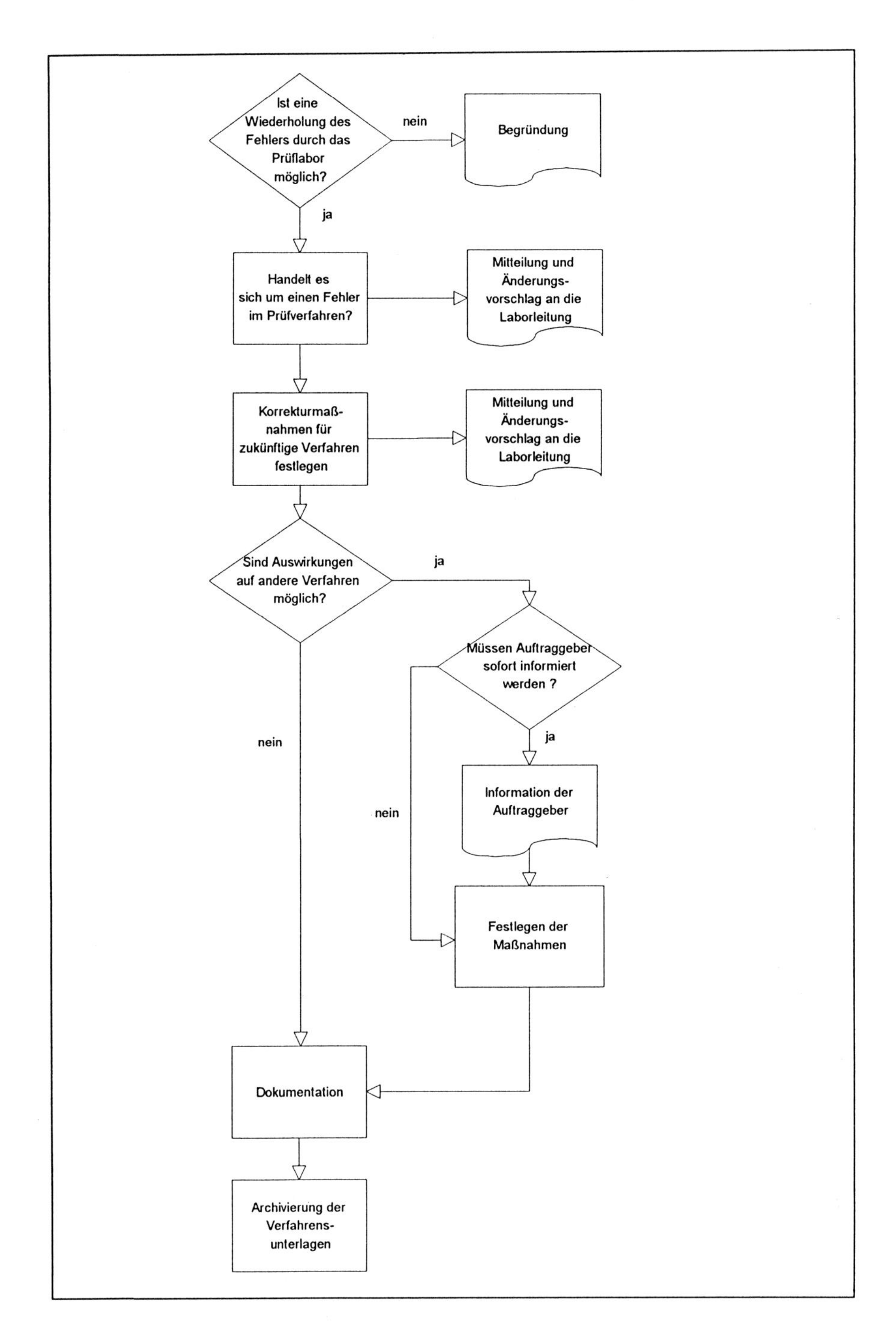

Abbildung 2.10-3: Ablaufdiagramm Auswertung von Beschwerden

H. Kohl, Qualitätsmanagement im Labor

ISBN 3-540-58100-6

2.11 Zusammenarbeit mit anderen Stellen

2.11.1 Allgemeine Vorbemerkung

Dieser Abschnitt beschäftigt sich mit dem Konzept eines Prüflabors für seine aktive Teilnahme an Ringversuchen und Eignungstests, sowie seiner Mitarbeit in Normengremien und anderen Ausschüssen zum Thema Prüfwesen. Ein weiterer Punkt ist die Zusammenarbeit des Prüflabors mit seiner Akkreditierungsstelle.
Die EN 45001 gibt zu diesen Punkten einige Hinweise. Wie bei allen anderen QM-Maßnahmen auch, sollte das Labor die entsprechenden Fragen systematisch und planmäßig angehen. Das Ergebnis sollten angemessene, klare und dokumentierte Konzepte sein, deren Umsetzung planmäßig betrieben wird. Die jeweiligen Zuständigkeiten und Abläufe müssen definiert werden.

2.11.2 Teilnahme an Ringversuchen und Durchführung von Eignungstests

Die EN 45001 verlangt hierzu unter Punkt 6.3: *"Um die erforderliche Genauigkeit sicherzustellen, sollten regelmäßige Vergleiche durch Eignungsprüfungen, soweit möglich, durchgeführt werden."*

Es ist hier nicht der Ort, auf die unterschiedlichen Typen und Zielsetzungen von Ringversuchen und Eignungstests einzugehen. Der interessierte Leser kann hierzu die im Anhang zitierte Literatur zu Rate ziehen. Wesentlich ist jedoch an dieser Stelle der Hinweis, daß ein Prüflabor über ein auf seine spezifischen Bedingungen und Bedürfnisse zugeschnittenes Konzept verfügen muß, gemäß dem es an Ringversuchen und Eignungstests teilnimmt. Dieses Konzept muß in dokumentierter Form vorliegen und Bestandteil des QM-Handbuches sein. Natürlich darf ein solches Konzept nicht nur aus einer schlichten Liste mit Namen von Veranstaltern von Ringversuchen und dem Hinweis bestehen, das Labor würde sich je nach Bedarf an dem einen oder anderen Ringversuch beteiligen. Aus dem Konzept muß vielmehr eine vernünftige Planung für die Teilnahme an Ringversuchen, Eignungstests usw. hervorgehen, als auch die Darstellung seiner Angemessenheit mit Hinblick auf die vom Labor abgedeckten Prüfbereiche und Prüfverfahren. Das Konzept muß außerdem die Zuständigkeiten für die Umsetzung der einzelnen Schritte enthalten und, wo nötig, in Verfahrensanweisungen Abläufe definieren.

Im Rahmen von Akkreditierungsverfahren sehen die Begutachter die Ergebnisse der Ringversuche und Eignungstests ein, an denen sich das Labor bisher beteiligt hat. Kompetente und qualitätsbewußte Labors können hier häufig auf eine lange Liste verweisen.
Es kommt vor, daß in bestimmten Prüfbereichen bisher wenige oder gar keine Ringversuche stattgefunden haben, oder ein Labor aus sonstigen Gründen nicht an Ringversuchen teilnehmen konnte. In solchen Fällen sind Akkreditierungsstellen angehalten, das Prüflabor kurzfristig einem Eignungstest zu unterziehen. Man muß festhalten, daß heute die Teilnahme an Ringversuchen, Vergleichsprüfungen und ähnlichen Veranstaltungen für Labors eine absolute Pflichtübung ist, wenn sie eine Akkreditierung anstreben. Dies trifft in erhöhtem Maße natürlich für Labors zu, die selbständig Prüfverfahren entwickeln. In vielen Prüfbereichen haben sich Ringversuche etabliert, an denen man als betroffenes Prüflabor "einfach teilnehmen muß".

2.11.3 Mitarbeit in Fachausschüssen, Normengremien und anderen Einrichtungen

Unter Punkt 6.3 macht die EN 45001 folgende Aussage: *"Den Prüflaboratorien wird nahegelegt, an der Erstellung nationaler, europäischer oder internationaler Normen für den Bereich der Prüfungen, soweit möglich, teilzunehmen.*
Den Prüflaboratorien wird nahegelegt, am Informationsaustausch mit anderen Prüflaboratorien, die Prüftätigkeiten im selben technischen Bereich ausüben, soweit möglich, teilzunehmen. Das Ziel ist, über einheitliche Prüfverfahren zu verfügen und die Prüfqualität, soweit möglich, zu verbessern."

Es bedeutet einen erheblichen und zusätzlichen Kompetenzbeweis, wenn ein Prüflabor aktiv an der Normung von Prüfverfahren mitarbeitet. Daneben gibt es eine Reihe von Organisationen und Ausschüssen, die sich mit Problemen aus

dem Bereich Prüfwesen beschäftigen. Als Beispiele seien hier nur genannt: EUROLAB und EURACHEM.
In der Praxis fehlen freilich vielen Labors für solche Aktivitäten die Ressourcen. Dennoch sollte jedes Labor ein für es geeignetes Konzept ausarbeiten, an welchen Ausschüssen und Gremien es teilnehmen will und auf welche Weise es aktuelle Entwicklungen im Prüfwesen verfolgen oder beeinflussen möchte. Das Konzept sollte in schriftlicher Form vorliegen, Bestandteil des QM-Handbuches sein und von der Laborleitung aktiv umgesetzt werden. Es ist zweckmäßig, ein Verzeichnis der mit einzelnen Aktivitäten betrauten Labormitarbeiter anzulegen. Mit Hinblick auf betriebswirtschaftliche Aspekte sollten die mit den einzelnen Maßnahmen verbundenen Kosten systematisch erfaßt und einer Kosten-Nutzen-Analyse unterzogen werden.

2.11.4 Zusammenarbeit mit Akkreditierungsstellen

Die EN 45001 enthält einige spezielle Anforderungen an Prüflabors, welche die Zusammenarbeit des Labors mit der Akkreditierungsstelle betreffen. Es ist wichtig, daß das Prüflabor mit seinem QM-System auch die Einhaltung dieser Anforderungen sicherstellt. Aus diesem Grunde ist es zweckmäßig, wenn die QM-Dokumentation diesem Thema explizit Rechnung trägt. Die Anforderungen lauten:

"6.2 Zusammenarbeit mit Stellen, die Akkreditierung gewähren

Das Prüflaboratorium hat mit der Stelle, die Akkreditierung gewährt, und ihrem Vertreter soweit wie notwendig angemessen zusammzuarbeiten, damit diese die Erfüllung dieser Anforderungen und anderer Kriterien überwachen kann. Diese Zusammenarbeit muß beinhalten:

a) Gewährung des Zutritts für den Vertreter zu den betreffenden Bereichen des Prüflaboratoriums, um bei Prüfungen als Zeuge anwesend zu sein;

b) Durchführung einer angemessenen Überprüfung, damit die Stelle, die Akkreditierung gewährt, die Prüffähigkeit des Prüflaboratoriums feststellen kann;

c) Vorbereitung, Verpackung und Versand von Proben oder Prüfgegenständen, die die Stelle, die Akkreditierung gewährt, zwecks Nachprüfung benötigt;

d) Teilnahme an einem geeigneten Programm für Eignungs- oder Vergleichsprüfungen, das die Stelle, die Akkreditierung gewährt, für notwendig erachtet;

e) *Erlaubnis zur genauen Prüfung der Ergebnisse der vom Prüflaboratorium selbst durchgeführten internen Audits oder der Eignungsprüfungen durch die Stelle, die Akkreditierung gewährt."*

In Ergänzung hierzu heißt es weiter:

"7 ***Pflichten, die sich aus einer Akkreditierung ergeben***

Ein akkreditiertes Prüflaboratorium

a) *muß jederzeit die Anforderungen dieser Norm und weitere, von der Stelle, die Akkreditierung gewährt, vorgegebene Kriterien erfüllen;*

b) *muß klarstellen, daß es nur in bezug auf Prüfleistungen, für die ihm die Akkreditierung gewährt worden ist und die gemäß den Anforderungen dieser Norm und anderer von der Akkreditierungsstelle vorgegebenen Kriterien erbracht werden, anerkannt ist;*

c) *muß die Gebühren für die Antragstellung, Mitgliedschaft, Begutachtung, Überwachung und andere Leistungen zahlen, die von der Akkreditierungsstelle unter Berücksichtigung der jeweiligen Kosten von Zeit zu Zeit neu festgesetzt werden;*

d) *darf seine Akkreditierung nicht so gebrauchen, daß die Akkreditierungsstelle in Mißkredit gebracht wird und darf in bezug auf seine Akkreditierung keine Angaben machen, die von der Akkreditierungsstelle begründet als irreführend betrachtet werden können;*

e) *darf nach Beendigung der Gültigkeit seiner Akkreditierung (wie auch immer bedingt) davon keinen Gebrauch mehr machen und hat diesbezügliche Werbung einzustellen;*

f) *hat in allen Verträgen mit seinen Auftraggebern deutlich zu machen, daß die Akkreditierung des Prüflaboratoriums oder seine Prüfberichte als solche in keinem Fall bedeuten, daß die Akkreditierungsstelle oder eine andere Stelle dieses Erzeugnis gebilligt hat;*

g) *muß darauf hinwirken, daß Prüfberichte oder Teile davon von einem Auftraggeber dann nicht für Werbezwecke benutzt oder freigegeben werden, wenn die Benutzung von der Akkreditierungsstelle als irreführend betrachtet wird. Der Prüfbericht darf in keinem Fall auszugsweise ohne schriftliche Genehmigung der Akkreditierungsstelle und des Prüflaboratoriums vervielfältigt werden;*

h) hat die Akkreditierungsstelle unverzüglich über jede Änderung zu unterrichten, die Auswirkungen auf die Erfüllung der Anforderungen dieser Norm und anderer Kriterien hat und die die Leistungsfähigkeit oder den Tätigkeitsbereich des Prüflaboratoriums berühren.

Bei Hinweis auf seinen Akkreditierungsstatus in Veröffentlichungen wie Dokumenten, Broschüren oder in Anzeigen hat das Prüflaboratorium gegebenenfalls folgenden oder einen entsprechenden Satz zu verwenden: "Prüflaboratorium, akkreditiert von ... (Akkreditierungsstelle) für ... (Geltungsbereich der Akkreditierung) unter Registriernummer(n) ..."
Das Prüflaboratorium muß von seinen Auftraggebern, die auf die Inanspruchnahme eines akkreditierten Prüflaboratoriums hinweisen wollen, verlangen, daß sie gegebenenfalls folgenden Satz verwenden: "Geprüft von ... (Name des Prüflaboratoriums), eines von ... (Akkreditierungsstelle) für ... (Geltungsbereich der Akkreditierung) unter Registriernummer(n) ... akkreditierten Prüflaboratorium".
Bei Zurückziehung seiner Akkreditierung hat das Prüflaboratorium darauf hinzuwirken, daß solche Hinweise unterbleiben.
Ein Prüflaboratorium kann unter Einhaltung einer einmonatigen (oder anderen von den Parteien vereinbarten) Frist durch entsprechende schriftliche Benachrichtigung der Akkreditierungsstelle auf seine Akkreditierung verzichten."

Diese Ausführungen der EN 45001 sind explizit genug und bedürfen nur weniger zusätzlicher Erläuterungen. Im Rahmen eines Akkreditierungsverfahrens wird die Akkreditierungsstelle einen Standardvertrag mit dem zu akkreditierenden Labor abschließen, in dem die zitierten Anforderungen der EN 45001 enthalten und gegebenenfalls genauer spezifiziert sind. Ein solcher Vertrag kann auch zusätzliche Anforderungen enthalten, wie sie die Akkreditierungsstelle für die durch sie akkreditierten Labors definiert. Dies ist keine Willkür, sondern man muß sich vorstellen, daß der Auslegungsprozeß der EN 45001 keineswegs abgeschlossen ist und insbesondere von Seiten internationaler Dachorganisationen für Akkreditierungsstellen auch in der Zukunft noch die eine oder andere Festlegung zu erwarten ist.
Das Prüflabor muß sicherstellen, daß es in der Lage und bereit ist, auf solche Anforderungen einzugehen. Es ist nötig, daß es dazu die entsprechenden personellen, organisatorischen und sonstigen Voraussetzungen schafft und diese fester Bestandteil des QM-Systems des Labors und dessen QM-Dokumentation werden.

Neben den allgemeinen Anforderungen der EN 45001 und der Akkreditierungsstellen an akkreditierte Labors kann es vorkommen, daß eine Akkreditierungsstelle einem Labor individuelle Auflagen erteilt. Die erteilte Akkreditierung gilt dann in der Regel auch nur vorbehaltlich der Erfüllung dieser Auflagen oder sogar erst ab der Erfüllung der Auflagen. Beispiele hierzu könnten etwa folgende sein. Im Rahmen der Laborbegehung gelangen die Begutachter zu der Ansicht, daß ein neuer Mitarbeiter des Labors eine bestimmte Schulungsmaßnahme absolvieren sollte. Die Akkreditierung wird dem Labor unter der Auflage erteilt, daß die entsprechende Schulungsmaßnahme innerhalb von 3 Monaten absolviert wird. In einem anderen Fall erteilt die Akkreditierungsstelle dem Labor die Akkreditierung unter der Auflage, daß dieses innerhalb einer festgelegten Frist erfolgreich an einem bestimmten Ringversuch teilnimmt. Für das Labor sind solche Festlegungen natürlich in jedem Falle bindend.

Ein anderer wichtiger Hinweis ist folgender. In der Praxis kommt es leider immer wieder vor, daß akkreditierte Prüflabors bewußt oder unbewußt zweideutig oder irreführend mit ihrer Akkreditierung werben oder sonst nach außen treten. Die oben wiedergegebenen diesbezüglichen Festlegungen der EN 45001 sollten vom Labor sehr ernst genommen werden, da Zuwiderhandlung mit Abmahnung oder Sanktionen bestraft werden kann. Im Zweifelsfall sollte sich das Labor an seine Akkreditierungsstelle wenden und die geplante Verwendung seines Akkreditierungsstatus mit dieser besprechen. Einige Akkreditierungsstellen fordern dies sogar explizit.

Ein akkreditiertes Prüflabor ist verpflichtet, jede Veränderung im Labor der Akkreditierungsstelle unverzüglich mitzuteilen, die Auswirkungen auf die Erfüllung der EN 45001 und anderer Forderungen der Akkreditierungsstelle haben können. Es ist daher notwendig, daß das Labor eine Verfahrensanweisung einführt, welche die Abläufe und Zuständigkeiten solcher Meldungen regelt. Als Beispiele solcher Meldepflichten seien genannt: Das Labor bezieht neue Räume oder stellt neues Personal in Leitungsfunktionen ein. Ein anderer Fall wäre die Durchführung neuer Prüfverfahren, für die eine Akkreditierung angestrebt wird usw..

2.11.5 Checkpunkte zur Zusammenarbeit mit anderen Stellen

Nr.	Fragen	Bemerkungen
11.1	**Ringversuche und Eignungstests**	
11.1-1	Verfügt das Prüflabor über ein angemessenes und dokumentiertes Konzept für seine Teilnahme an Ringversuchen und Eignungstests?	
11.1-2	Liegt eine Übersicht über die vom Labor in neuerer Zeit absolvierten Ringversuche und Eignungstests vor?	
11.1-3	Werden die Ergebnisse von Ringversuchen und Eignungstests ausgewertet und nötigenfalls Korrekturmaßnahmen im Labor eingeleitet?	
11.1-4	Sind die Abläufe und Zuständigkeiten für die Planung, Teilnhame und Ergebnisauswertung von Ringversuchen im Labor geregelt?	
11.2	**Mitarbeit in Fachausschüssen und Normengremien**	
11.2-1	Beteiligen sich das Prüflabor oder seine Mitarbeiter an der Erstellung von nationalen oder internationalen Normen oder sonstigen Vorschriften für den Bereich Prüfwesen?	
11.2-2	Findet ein Informationsaustausch mit Stellen wie EUROLAB, EURACHEM usw. statt?	

H. Kohl, Qualitätsmanagement im Labor

ISBN 3-540-58100-6

Nr.	Fragen	Bemerkungen
11.2-3	Arbeitet das Prüflabor mit anderen Stellen (z. B. Prüflabors, Forschungseinrichtungen usw.) zusammen, um aktuelle Entwicklungen im Bereich Prüfwesen zu verfolgen und zu beeinflussen?	
11.3	**Zusammenarbeit mit Akkreditierungsstellen**	
11.3-1	Verfügt das Prüflabor über Verfahrensanweisungen zur Regelung der Zusammenarbeit mit seinen Akkreditierungsstellen? Bemerkung: Vgl. hierzu Punkte 6.2 und 7 der EN 45001.	
11.3-2	Verfügt das Prüflaboratorium über Verfahrensanweisungen zum Umgang mit seiner Akkreditierung (Pkt. 7 der EN 45001)? Bemerkung: Bei den Fragen 11.3-1 und 11.3-2 sind unter den Anforderungen der EN 45001 evtl. bestehende zusätzliche Anforderungen zu berücksichtigen, die sich aus vertraglichen Vereinbarungen zwischen Labor und Akkreditierungsstelle ergeben.	

H. Kohl, Qualitätsmanagement im Labor

ISBN 3-540-58100-6

3 Spezielle Aspekte beim Aufbau eines QM-Systems und der Begutachtung von Prüflaboratorien

3.1 Allgemeine Vorbemerkung

In den Abschnitten des Kapitels 2 wurden die Module eine QM-Systems für Prüflabors nach der EN 45001 besprochen. Im vorliegenden Kapitel werden zu dieser Diskussion einige Ergänzungen zusammengestellt. Der Abschnitt 3.2 beschäftigt sich mit einer Darstellung der typischen Schritte beim Aufbau eines QM-Systems im Prüflabor, ausgehend von der Bestandsaufnahme bis hin zur schrittweisen Dokumentation und Umsetzung der QM-Maßnahmen. Der Abschnitt 3.3 enthält eine Checkliste zum Aufbau eines QM-Systems in Prüflabors nach der EN 45001. Diese Checkliste kann einerseits im Rahmen einer Bestandsaufnahme für das QM-System oder für interne Audits im eigenen Labor Verwendung finden. Sie kann auf der anderen Seite bei der Begutachtung von Labors eingesetzt werden, die als Unterauftragnehmer fungieren sollen. Der Abschnitt 3.4 beschreibt die Vorgehensweise von Akkreditierungsstellen bei der Begutachtung von Prüflaboratorien im Rahmen von Akkreditierungsverfahren. Die im Abschnitt 3.4 beschriebene Norm EN 45002 sollte auch als Grundlage bei der Begutachtung von unterauftragnehmenden Labors dienen. Die in dieser

Norm vorgegebenen Richtlinien für die Anforderungen an die Kompetenz von Fachbegutachtern und die Vorgehensweise bei Laboraudits hat generelle Gültigkeit und ist nicht nur für die Anwendung durch Akkreditierungsstellen gedacht.

3.2 Aufbau eines QM-Systems in Prüflaboratorien

3.2.1 Allgemeines

In diesem Abschnitt sollen die Schritte skizziert werden, die in der Phase des Aufbaus eines QM-Systems und der Erstelllung der QM-Unterlagen (QM-Handbuch, Verfahrensanweisungen, Arbeitsanweisungen) typisch sind.
Prüflaboratorien arbeiten in der Praxis in unterschiedlichen Umgebungen. Sie können selbständige Labors sein, oder sie gehören zu einem größeren Unternehmenskomplex, zu einer Lehr- und Forschungseinrichtung usw..
Außerdem arbeiten sie in den verschiedensten Fachgebieten. Diese Aspekte beeinflussen natürlich auf der einen Seite die Struktur des aufzubauenden QM-Systems sowie die Aufbau- und die Ablauforganisation im Labor. In der Praxis zeigt sich darüber hinaus, daß in der Aufbauphase eines QM-Systems diverse Probleme, Engpässe und Verzögerungen auftreten können, die letztlich in den gewachsenen Strukturen und Abläufen des Labors wurzeln und die beachtet und möglichst vermieden werden müssen, wenn die "QM-Initiative" des Labors zu dem gewünschten Erfolg führen soll.

In der Regel gibt es für den Entschluß eines Labors, ein QM-System aufzubauen, einen konkreten Anlaß. Es können gesetzliche oder andere Vorschriften sein, die dem Labor ein formelles und dokumentiertes QM-System abverlangen. Es können aber auch Auftraggeber des Labors sein, die ein QM-System oder gar eine Akkreditierung fordern. Im Idealfall kommt die Leitung des Prüflabors selbst frühzeitig zu der Einsicht, daß eine ordentliche Geschäftsführung des Labors ohne funktionierendes und dem "state of the art" entsprechendes QM-System kaum zuverlässig möglich ist.

Der Aufbau eines QM-Systems im Labor ist ein vergleichsweise komplexer Vorgang, der nie vollständig abgeschlossen sein wird. Es ist nützlich, sich in der Phase des Aufbaus eines QM-Systems folgende Aspekte immer vor Augen zu halten:

- Das QM-System dient dem Zweck, die Beherrschbarkeit und die Transparenz der Abläufe im Labor sicherzustellen.

- Das QM-System dient dem Zweck, die Zuverlässigkeit und Richtigkeit der durchgeführten Prüfungen sicherzustellen.

- Das QM-System dient dem Zweck, eine klare und eindeutige Aufbau- und Ablauforganisation sowie Regelung der Zuständigkeiten zu definieren.

- Das QM-System dient dem Zweck, die Qualitätsfähigkeit und fachliche Kompetenz des Labors gegenüber Auftraggebern und anderen Stellen überzeugend darlegen zu können.

- Das QM-System dient dem Zweck, eine ordentliche Unternehmensführung des Labors zu ermöglichen.

Diese Aspekte sind zwar ziemlich allgemeiner Natur, sie sollten aber hinreichen, um in der Aufbauphase des QM-Systems nie den Blick für dessen eigentliche Ziele und den Zweck zu verlieren.

In der Regel wird kein bereits bestehendes Laboratorium beim Aufbau eines QM-Systems nach EN 45001 bei Null anfangen müssen, denn andernfalls hätte es in der Vergangenheit kaum tätig sein können. Auf der anderen Seite bedeutet der Aufbau eines QM-Systems eine rigorose Bestandsaufnahme bezüglich aller Aspekte, welche die Labortätigkeit betreffen. Es ist wichtig, daß diese Bestandsaufnahme planmäßig und systematisch durchgeführt wird. Nur so kann sichergestellt werden, daß man innerhalb zu definierender Fristen zu definitiven Ergebnissen gelangt.

Um die Vorgehensweise beim Aufbau eines QM-Systems im Labor und dessen Dokumentation möglichst transparent zu gestalten, teilen wir sie im folgenden in Phasen ein. Jede Phase wird kommentiert und mit Vorschlägen für ein mögliches Vorgehen versehen.
An dieser Stelle sei noch auf folgenden Sachverhalt hingewiesen. In den folgenden Ausführungen wird der Schwerpunkt auf die Aspekte der EN 45001 gelegt. Im Rahmen einer rigorosen Bestandsaufnahme, wie sie im folgenden beschrieben wird, kann das Labor jedoch auch die Chance nutzen, auch andere, über die EN 45001 hinausgehende, Anforderungen an das Labor einem Check zu unterziehen. Als Beispiel sei etwa die Überprüfung des Erfüllungsgrades von gesetzlichen Anforderungen an das Labor genannt.

3.2.2 Phasen beim Aufbau eines QM-Systems im Prüflabor

Phase 1: Festlegung der Qualitätsziele und der Qualitätspolitik

Am Anfang des Aufbaus eines QM-Systems im Labor steht die Festlegung wenigstens der wichtigsten angestrebten Qualitätsziele und die Formulierung der Qualitätspolitik. Für beides ist die Laborleitung federführend zuständig. Wenn die Laborleitung bereits zu Beginn der QM-Initiative voll hinter dieser steht, so haben wir es mit einem Idealzustand zu tun, der in der Praxis nicht immer vorliegt. Häufig ist es vielmehr so, daß andere Mitarbeiter des Labors die Notwendigkeit für ein normenkonformes QM-System zuerst erkennen. In einem solchen Fall kommt es diesen Mitarbeitern zu, die Laborleitung entsprechend zu überzeugen. Es bleibt zu hoffen, daß sich im Einzelfall solche engagierte Mitarbeiter im Labor finden. In jedem Falle gilt aber: Erst wenn die Laborleitung vollständig hinter dem Projekt steht, sollten die nächten Schritte eingeleitet werden, denn diese verlangen immer wieder Entscheidungen, die in der Kompetenz der Laborleitung liegen.

In der Praxis liegt häufig auch die Konstellation vor, daß der Laborleiter ausschließlich für die technischen Belange des Labors zuständig ist, im übrigen jedoch dem Geschäftsführer des Labors, oder der Trägereinrichtung des Labors untersteht. Auch in diesem Falle kann es notwendig werden, daß der Laborleiter die ihm übergeordneten Führungskräfte von der Notwendigkeit eines normenkonformen QM-Systems erst überzeugen muß. Jene Vorgesetzten werden daraufhin in der Regel eine detaillierte Aufstellung der Kosten verlangen, welche die Einführung des QM-Systems und die anschließende Akkreditierung des Labors voraussichtlich mit sich bringen werden. Da diese Kosten bei Projektbeginn in der Regel nur geschätzt werden können, ist in den nachfolgenden Phasen des Projektes die eingangs gemachte erste Kostenschätzung immer wieder zu aktualisieren. Dabei sollte man übrigens im Auge behalten, daß es zwar relativ einfach ist, eine Schätzung der anfallenden Kosten für die Einführung eines QM-Systems und die anschließende Akkreditierung des Labors durchzuführen. Viel schwerer ist es, die Geschäftsleitung mit den "Kosten" für das Risiko zu versorgen, die mit dem Wegfall von Aufträgen für das Labor im Falle des Nichtvorhandenseins einer Akkreditierung verbunden sein können. Es ist auch nicht immer einfach, die aus einem QM-System resultierenden Rationalisierungspotentiale abzuschätzen, da die vorhandene Kostenrechnung des Labors in vielen Fällen eine hinlängliche Erfassung und Aufschlüsselung der Qualitätskosten zunächst nicht zuläßt. Auch die mit dem Aufbau eines QM-Systems verbundene Erfassung und Abstellung von unterschiedlichen Risikopotentialen ist nicht leicht quantitativ meßbar.

Phase 2: Ernennung der QM-Beauftragten und des QM-Projektteams

In dieser Phase setzen wir voraus, daß die Entscheidung durch die Geschäftsleitung zum Aufbau eines QM-Systems und eventuell einer anschließenden Akkreditierung des Labors positiv ausgefallen ist. Die EN 45001 fordert sodann von der Geschäftsleitung, daß diese einen oder mehrere Mitarbeiter des Labors benennt, die für die QM-Maßnahmen im Labor zuständig sein sollen.
In kleinen Prüflabors wird die Funktion des QM-Beauftragten in der Regel von einer oder zwei Personen wahrgenommen. Sie überschauen die Abläufe im Labor hinlänglich, um die ihnen übertragenen Aufgaben erfüllen zu können. In größeren Laboreinrichtungen, mit unterschiedlichen Arbeitsgebieten oder mehreren Standorten, wird es nötig sein, einen Stab von QM-Beauftragten zu bilden, innerhalb dessen es eine Hierarchie gibt und dessen Mitglieder jeweils für genau festgelegte Aufgabengebiete und Prüfbereiche zuständig sind.
In beiden Fällen ist jedoch darauf zu achten, daß beim Aufbau des QM-Systems - und natürlich auch später - alle Mitarbeiter des Labors auf angemessene Weise von Anfang an in die entsprechenden QM-Aufgaben mit eingebunden werden. Den QM-Beauftragten kommt bei dieser Einbindung eine koordinierende und überwachende Funktion zu.
Es kann zweckmäßig sein, in das QM-Projektteam weitere Personen einzugliedern, um eine effektive und kompetente Abwicklung der Maßnahmen sicherzustellen. Man denke hier an die Laborleitung, eventuell vorhandene Gruppenleiter und an den Sicherheitsbeauftragten des Labors, um nur einige Beispiele zu nennen.

Phase 3: Grobe Projektplanung

In dieser Phase geht es in erster Linie darum, vor der nachfolgenden Bestandsaufnahme die generelle Verfahrensweise beim Aufbau des QM-Systems im Labor grob festzulegen. Dazu gehört zum Beispiel allem voran die Entscheidung, nach welchem Standard (EN 45001, Mitberücksichtigung von GLP,...) das QM-System überhaupt aufgebaut werden soll. Bei Labors, die auch für ausländische Stellen tätig werden, ist unter Umständen die Frage zu klären, ob ausländische QM-Standards oder gesetzliche Vorgaben beim Aufbau des QM-Systems mit berücksichtigt werden müssen.

Weiterhin sind bereits in dieser Phase die allgemenen Grundsätze und Vorgehensweisen bei der Abwicklung der QM-Initiative festzulegen. Ein Beispiel mag dies verdeutlichen. In einem Labor mit unterschiedlichen Prüfbereichen kann es sinnvoll und notwendig sein, das gesamte QM-System derart in Teile zu zerlegen, daß den einzelnen Prüfbereichen eine gewisse Autonomie zukommt. Man denke hier etwa an ein Labor mit einer chemischen Abteilung, einer Abteilung für Materialprüfung, einer Abteilung für elektrotechnische und eine weitere für akustische Prüfungen. Es wird dann zweckmäßig sein, die QM-

Dokumentation so zu gliedern, daß die einzelnen Laborgruppen in separaten Abschnitten behandelt werden. Dasselbe gilt natürlich auch für die QM-Verfahrensanweisungen und für die Arbeitsanweisungen. In der Regel werden die genannten Abteilungen des Labors die einzelnen Schritte zum Aufbau eines QM-Systems selbst durchzuführen haben. Um jedoch sicherzustellen, daß das QM-System für das Gesamtlabor aus "einem Guß" wird, sind dazu die Voraussetzungen zu schaffen. Zum einen wird man ein solches Team von QM-Beauftragten einsetzen, in dem ein oder zwei Mitglieder die Koordinierung übernehmen und die übrigen Mitglieder für jeweils genau definierte Laborbereiche zuständig sind. In diesem Team werden dann alle bereichsübergreifenden Vorgaben erarbeitet, wie zum Beispiel:

- Festlegungen bezüglich des Aufbaus und der Gliederung der QM-Dokumentation (QM-Handbuch, Verfahrensanweisungen, Arbeitsanweisungen).

- Festlegungen bezüglich der verwendeten Hilfsmittel und Techniken. (Beispiel: Auf welche Weise werden Verfahrensabläufe und Zuständigkeiten dokumentiert?)

- Festlegungen bezüglich eines einheitlichen Aussehens von Formblättern.

- Festlegungen bezüglich einzuhaltender Termine.

- .....

Ähnliche Regelungen und Maßnahmen werden notwendig, wenn das Labor mehrere Standorte hat und eine Koordinierung der dezentral durchzuführenden Aktivitäten nötig wird.

Phase 4: Bestandsaufnahme

Die in der EN 45001 enthaltenen Anforderungen an das QM-System in Prüflaboratorien können in Module (Elemente) eingeteilt werden. Diese Einteilung kann auf verschiedene Weise erfolgen. Das Prüflabor kann sie selbst direkt aus der EN 45001 herausarbeiten, oder sich zum Beispiel an der Gliederung des Kapitels 2 dieses Buches orientieren. Das zu erstellende QM-Handbuch und die übrige QM-Dokumentation werden später entsprechend diesen Modulen gegliedert und sortiert. In jedem Falle wird das Labor schließlich eine Liste von Anforderungen der EN 45001 erarbeitet haben, denen später in der Phase 5 der jeweilige Erfüllungsgrad im Labor gegenübergestellt wird.
Zunächst geht es aber in der Bestandsaufnahme darum, die vorhandenen Unterlagen und Regelungen im Labor zu sichten und systematisch zusammenzustellen. Dabei kann sich eine Zusammenstellung und namentliche Verteilung der Aufgaben etwa nach dem Muster der Tabelle 3.2-1 als zweckmäßig erweisen.

Nr.	Aufgabe	Zuständig	Termin	Bemerkung
1.	Erfassung sämtlicher im Labor verwendeter Formblätter			
2.	Erfassung sämtlicher Prüfvorschriften im anorganischen Labor			
3.	Erfassung sämtlicher Prüfvorschriften im organischen Labor			
4.	Erfassung sämtlicher Geräteunterlagen im anorganischen Labor			
5.	Erfassung sämtlicher Kalibrieranweisungen im organischen Labor			
6.	.....			
...	.....			

Tabelle 3.2-1: Zur Bestandsaufnahme beim Aufbau eines QM-Systems

Phase 5: Analyse und Bewertung der Ergebnisse von Phase 4

Die in Phase 4 durchgeführte Bestandsaufnahme führt in der Regel zu einer ziemlich großen Menge an Daten und Informationen, die anschließend analysiert und bewertet werden müssen. Dies geschieht in Phase 5. Die Vorgehensweise illustriert die Abbildung 3.2-1. Für jedes etwa im Schema der Tabelle 3.2-1 enthaltene QM-Element wird der faktische Erfüllungsgrad den Anforderungen der EN 45001 und eventueller ergänzender Bestimmungen gegenübergestellt. Die Zusammenstellung der Ergebnisse und Bewertungen sollte ebenfalls auf systematische Weise erfolgen, etwa nach dem in Tabelle 3.2-2 vorgeschlagenen Muster. Dabei ist zu beachten, daß die drei letzten Spalten in dieser Abbildung, nämlich der Beschluß von Maßnahmen, Zuständigkeiten und Terminen, erst in Phase 6 erfolgen wird.

Es kann vorkommen, daß bei der Bewertung der Bestandsaufnahme Mängel im QM-System oder in der Arbeitsweise des Labors zum Vorschein kommen, welche die dringende Einleitung von Korrekturmaßnahmen erforderlich machen, weil sie zu einem wie auch immer gearteten Nachteil oder Schaden für das Labor führen könnten. Diese Mängel sind als solche zu kennzeichnen und mit höchster Priorität in Phase 6 zu behandeln.

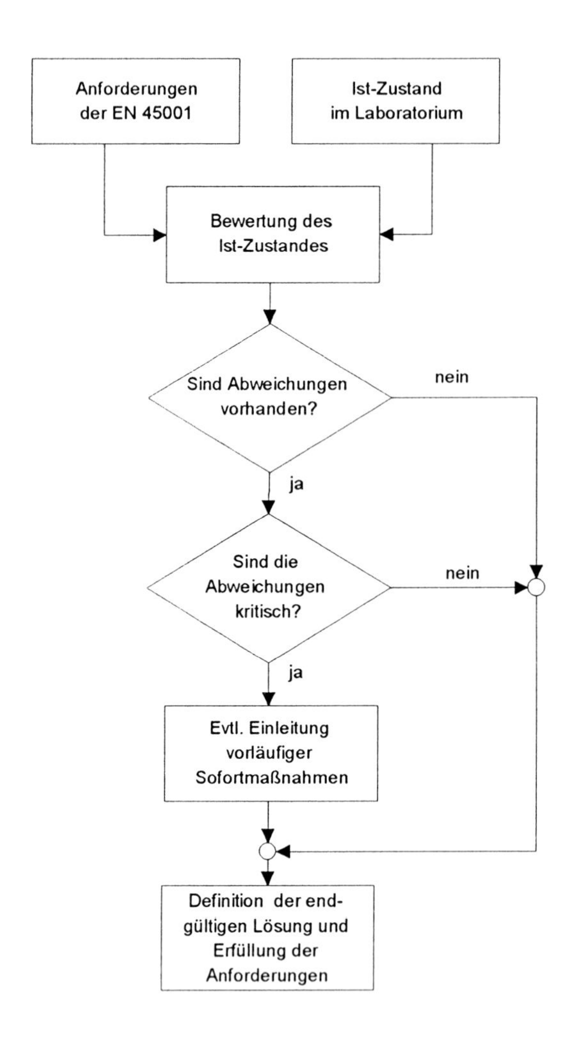

Abbildung 3.2-1: Vergleich des Ist-Zustandes im Labor mit den Anforderungen der EN 45001

QM-Anforderung	Erfüllungsgrad	Maßnahmen	Zuständig	Termin
Liegt ein Lageplan für die Laboreinrichtung vor?	liegt vor	-		
Liegen Geräteunterlagen für alle Geräte im organischen Labor vor?	unvollständig	Unterlagen ergänzen	Dr. Klein	1.5.1995
Liegen Prüfanweisungen im organischen Labor vor?	teilweise, jedoch nicht systematisch erfaßt und geordnet	Prüfanweisungen im org. Labor systematisch erfassen und dem Änderungsdienst unterwerfen	Dr. Sauer	30.6.1995
Sind Prüfanweisungen im organischen Labor validiert?	teilweise	Bedarf an Validierung weiterer Prüfverfahren im org. Labor ermitteln	Dr. Sauer	1.5.1995

Tabelle 3.2-2 Zur systematischen Analyse des Erfüllungsgrades von QM-Anforderungen
(Die Eintragungen sind als unsystematische Zusammenstellung von Beispielen zu verstehen)

Phase 6: Ausarbeitung der detaillierten Projektplanung und Festlegungen bezüglich des weiteren Vorgehens

Nachdem in Phase 5 die Ergebnisse der Bestandsaufnahme zusammengestellt und bewertet wurden, erfolgt nun die Ausarbeitung der detaillierten Projektplanung. In ihr werden sowohl die einzuleitenden Korrekturmaßnahmen besprochen, als auch die hierfür zuständigen Personen benannt und die einzuhaltenden Termine definiert. Am einfachsten geschieht dies durch die endsprechenden Ergänzungen in den Spalten 3-5 der Tabelle 3.2-2.
Durch entsprechende Festlegung kurzfristiger Termine sollten auch die eventuell in Phase 5 aufgedeckten kritischen Schwachstellen im QM-System oder in der Arbeitsweise des Labors vordringlich beseitigt werden. In den Fällen, wo die endgültige Beseitigung einer kritischen Abweichung einen längeren Zeitraum benötigt, ist es unter Umständen ratsam, zu vorläufigen Sofortmaßnahmen zu greifen. Diese dienen der vorläufigen Behebung von Schwachstellen, die bis zu dem Zeitpunkt der Inkraftsetzung der endgültigen Lösung das Labor vor möglichem Schaden bewahren soll.

Phase 7: Erstellung des QM-Handbuches, der Verfahrens- und Arbeitsanweisungen

Der in Phase 6 erstellte Maßnahmenkatalog kann sehr umfangreich ausfallen und er beschreibt in der Regel die unterschiedlichsten Aktivitäten. Beispiele hierzu sind etwa die Durchführung von Validierungsprogrammen für Prüfverfahren, Maßnahmen zur Regelung des Zuganges zu den Laborräumen, Festlegungen bezüglich der Zuständigkeiten für Aufgaben im Labor, Darlegung von Prüfabläufen und viele andere. An dieser Stelle kann nicht auf alle dabei auftretenden Einzelheiten eingegangen werden. Im folgenden beschränken wir uns vielmehr auf einige Aspekte bei der Erstellung der QM-Dokumentation.

In den Abschnitten des Kapitels 2 dieses Buches wurden bereits verschiedene Hilfsmittel zur Festlegung und Dokumentation von Abläufen und Zuständigkeiten vorgestellt. Diese und gegebenenfalls weitere Techniken sind nun in der Phase 7 heranzuziehen. Ein wichtiger Aspekt ist dabei die Darlegung der Abläufe und Zuständigkeiten im Labor. Als Beispiele zur Illustration mögen folgende Abläufe und Zuständigkeiten dienen:

- Probeneingang und Probenregistrierung;
- Beschaffung von Prüfgeräten;
- Beschaffung von Chemikalien;
- Kalibrierung/Eichung (gerätespezifisch);
- Entsorgung von Rückstellproben;
- Beschwerdeverfahren;

- Rechnungsstellung;
- Abläufe bei der Erstellung von Verfahrens- und Arbeitsanweisungen;
- ....

Diese und weitere Abläufe werden Bestandteil der QM-Dokumentation des Labors sein. Dabei ist es der Entscheidung des Labors überlassen, welche Aspekte im QM-Handbuch und welche auf der Ebene der Verfahrensanweisungen und Arbeitsanweisungen dokumentiert werden. In jedem Falle sollte man sich bei der Erstellung der Dokumentation streng an die in der Phase 6 festgelegte Liste der Maßnahmen und Prioritäten halten.

Phase 8: Überprüfung der in Phase 7 erstellten Dokumentation

Mit Eintritt in die Phase 8 liegt der größte Teil der vom Labor im Zusammenhang mit dem Aufbau eines QM-Systems zu leistenden Arbeit bereits hinter ihm. Die vorliegende Phase dient dem Zweck, eine Überprüfung der erstellten Dokumente vorzunehmen und dabei auf Richtigkeit und Konsistenz zu achten. Es ist üblich und zweckmäßig, daß die einzelnen Dokumente von Personen überprüft werden, die nicht überwiegend mit ihrer Erstellung betraut waren. Es ist wichtig, daß auf den Dokumenten sowohl der Name ihres jeweiligen Erstellers, als auch derjenigen Person festgehalten wird, die mit deren Prüfung betraut war.

Phase 9: Freigabe des QM-Handbuches und der mitgeltenden Unterlagen

Nach erfolgreichem Abschluß der Überprüfungsarbeiten in Phase 8 kann die QM-Dokumentation freigegeben werden. In der Praxis kann es zweckmäßig sein, die gesamte QM-Dokumentation zu einem festgelegten Datum insgesamt freizugeben, oder aber Teile zu unterschiedlichen Zeitpunkten in Kraft zu setzen. Letzteres etwa dann, wenn die QM-Dokumentation bisher nur für einen Teil des Labors, oder für bestimmte Niederlassungen abgeschlossen ist. Es ist in der Regel erforderlich, die Freigabe der QM-Unterlagen durch Unterweisungen des Laborpersonals zu ergänzen, wobei diesem die Neuerungen und Zielsetzungen mitgeteilt werden.

Phase 10: Durchführung interner Audits

Nach Inkraftsetzung des QM-Systems ist es wichtig, seine Umsetzung und ordnungsgemäße Anwendung in regelmäßigen Abständen planmäßig zu kontrollieren und zu optimieren. Diese Maßnahmen werden von der EN 45001 explizit gefordert und das Labor hat sie zu planen und schriftliche Aufzeichnungen zu führen. Gerade unmittelbar nach der Einführung eines QM-Systems empfiehlt es sich, diese Überwachungsmaßnahmen besonders intensiv

und in kurzen Zeitabständen durchzuführen. Dabei eventuell gefundene Schwachstellen sind festzuhalten und durch entsprechende Korrekturmaßnahmen zu beheben.
Es ist dringend zu empfehlen, daß vor einem angestrebten Akkreditierungstermin das QM-System eines Labors wenigstens einige Monate "gelebt" wird, da sich die Akkreditierungsstelle sonst kein Bild von der Wirkung des QM-Systems bilden kann und gegebenenfalls eine erneute Begutachtung des Labors zu einem späteren Zeitpunkt erfolgen muß. Das Labor sollte die Anforderungen der betreffenden Akkreditierungsstelle zu diesem Punkt rechtzeitig erfragen.

Checkliste zum Aufbau eines Qualitätsmanagementsystems in Prüflaboratorien nach EN 45001

Ausgegeben an:	T+K Labor

H. Kohl, Qualitätsmanagement im Labor

ISBN 3-540-58100-6

Aufbau der Checkliste

- VORBEMERKUNG
- Inhaltsübersicht

Ausgegeben an:

H. Kohl, Qualitätsmanagement im Labor

ISBN 3-540-58100-6

0 DEFINITIONEN

0.1 Prüfung

Technischer Vorgang, der aus dem Bestimmen eines oder mehrerer Kennwerte eines bestimmten Erzeugnisses, Verfahrens oder einer Dienstleistung besteht und gemäß einer vorgeschriebenen Verfahrensweise durchzuführen ist.

0.2 Prüfverfahren

Vorgeschriebene technische Verfahrensweise für die Durchführung einer Prüfung.

0.3 Prüfbericht

Dokument, das Prüfergebnisse und andere die Prüfung betreffende Informationen enthält.

0.4 Prüflaboratorium

Laboratorium, das Prüfungen durchführt.

0.5 Vergleichsprüfungen durch Prüflaboratorium

Organisation, Durchführung und Auswertung von Prüfungen gleicher oder gleichartiger Gegenstände oder Stoffe durch zwei oder mehrere Prüflaboratorien unter vorgegebenen Bedingungen.

0.6 Eignungsprüfung (eines Prüflaboratoriums)

Bestimmung der Leistungsfähigkeit eines Prüflaboratoriums mittels Vergleichsprüfungen.

0.7 Akkreditierung (eines Prüflaboratoriums)

Formelle Anerkennung der Kompetenz eines Prüflaboratoriums, bestimmte Prüfungen oder Prüfungsarten auszuführen.

0.8 Akkreditierungssystem (für Prüflaboratorien)

System zur Durchführung von Akkreditierungen für Prüflaboratorien mit eigenen Verfahrensregeln und eigener Verwaltung.

Ausgegeben an:	

H. Kohl, Qualitätsmanagement im Labor

ISBN 3-540-58100-6

0.9 Akkreditierungsstelle (für Prüflaboratorien)

Stelle, die ein Akkreditierungssystem für Prüflaboratorien anwendet und verwaltet sowie Akkreditierungen gewährt.

0.10 Akkreditiertes Prüflaboratorium

Prüflaboratorium, dem eine Akkreditierung gewährt wurde.

0.11 Akkreditierungskriterien (für Prüflaboratorien)

Anforderungen, die von einer Akkreditierungsstelle verwendet werden und von einem Prüflaboratorium zu erfüllen sind, um akkreditiert zu werden.

0.12 Begutachtung von Prüflaboratorien

Untersuchung eines Prüflaboratoriums zur Beurteilung seiner Übereinstimmung mit bestimmten Akkreditierungskriterien.

0.13 Begutachter von Prüflaboratorien

Person, die einige oder alle Aufgaben zur Begutachtung von Prüflaboratorien wahrnimmt.

Ausgegeben an:	T+K Labor

H. Kohl, Qualitätsmanagement im Labor

ISBN 3-540-58100-6

1. RECHTLICHE IDENTIFIZIERBARKEIT DES PRÜFLABORATORIUMS	
1.1 Ist das Prüflaboratorium rechtlich identifizierbar?	
Ausgegeben an:	T+K Labor

H. Kohl, Qualitätsmanagement im Labor

ISBN 3-540-58100-6

2.	***UNPARTEILICHKEIT, UNABHÄNGIGKEIT UND INTEGRITÄT DES PRÜFLABORATORIUMS***	
2.1	Sind das Prüflaboratorium und sein Personal frei von jeglichen kommerziellen, finanziellen und anderen Einflüssen, die ihr technisches Urteil beeinträchtigen könnten?	
2.2	Ist jegliche Einflußnahme außenstehender Personen oder Organisationen auf die Untersuchungs- und Prüfergebnisse ausgeschlossen?	
2.3	Befaßt sich das Prüflaboratorium mit Tätigkeiten, die das Vertrauen in die Unabhängigkeit der Beurteilung und Integrität bezüglich seiner Prüftätigkeit gefährden könnten?	
2.4	Hängt die Vergütung des zu Prüftätigkeiten eingesetzten Personals von der Anzahl der durchgeführten Prüfungen oder von deren Ergebnis ab?	
2.5	Gehört das Prüflaboratorium zu einer Stelle (z.B. Hersteller), die auch an der Entwicklung, Herstellung oder dem Verkauf der geprüften Erzeugnisse beteiligt ist? Ist in diesem Falle eine klare Trennung der Verantwortung sichergestellt und eine entsprechende Aussage gemacht?	
Ausgegeben an:		T+K Labor

H. Kohl, Qualitätsmanagement im Labor

ISBN 3-540-58100-6

3. VERWALTUNG UND ORGANISATION DES PRÜFLABORATORIUMS	
3.1 Verfügt das Prüflaboratorium über die erforderliche Kompetenz, um die jeweiligen Prüfungen durchzuführen?	
3.2 Wird beim Fehlen eines anerkannten Prüfverfahrens eine schriftliche Vereinbarung zwischen dem Prüflaboratorium und dem Auftraggeber über das Prüfverfahren getroffen?	
3.3 Ist das Prüflaboratorium so organisiert, daß jeder Mitarbeiter sowohl den Umfang als auch die Grenzen seines Verantwortungsbereiches kennt?	
3.4 Ist organisatorisch sichergestellt, daß die Aufsicht durch Personen erfolgt, die mit den Prüfverfahren, dem Prüfzweck und der Beurteilung der Prüfergebnisse vertraut sind?	
3.5 Ist durch das zahlenmäßige Verhältnis zwischen dem aufsichtsführenden und dem anderen Personal eine angemessene Aufsicht im Prüflaboratorium sichergestellt?	
3.6 Hat das Prüflaboratorium einen technischen Leiter, der die Gesamtverantwortung für den technischen Betrieb des Prüflaboratoriums trägt?	
3.7 Ist eine schriftliche Unterlage des Prüflaboratoriums vorhanden, die auf dem neuesten Stand gehalten wird und aus der die Organisation und die Zuständigkeiten hervorgehen?	
Ausgegeben an:	T+K Labor

H. Kohl, Qualitätsmanagement im Labor

ISBN 3-540-58100-6

4. ***PERSONAL DES PRÜFLABORATORIUMS***	
4.1 Hat das Prüflaboratorium genügend Personal, das zur Erfüllung seiner Aufgaben über die notwendige Ausbildung, Schulung, technische Kenntnis und Erfahrung verfügt?	
4.2 Stellt das Prüflaboratorium sicher, daß die Schulung seines Personals auf dem neuesten Stand gehalten wird?	
4.3 Hält das Prüflaboratorium Informationen über die Qualifikation, Schulung und Erfahrung des technischen Personals vor und auf dem neuesten Stand?	
Ausgegeben an:	T+K Labor

H. Kohl, Qualitätsmanagement im Labor

ISBN 3-540-58100-6

5. RÄUMLICHKEITEN UND EINRICHTUNGEN DES PRÜFLABORATORIUMS	
5.1 Ist das Prüflaboratorium mit allen Einrichtungen für eine ordnungsgemäße Durchführung der Prüfungen und Messungen für die es nach eigenen Angaben kompetent ist, versehen?	
5.2 Stellt das Prüflaboratorium in jenen Ausnahmefällen, in denen es auf Einrichtungen von außen zurückgreifen muß, die Eignung dieser Einrichtungen sicher?	
5.3 Verfälscht die Umgebung, in der die Prüfungen vorgenommen werden, die Ergebnisse oder wirkt sie negativ auf die Meßgenauigkeit ein und zwar insbesondere dann, wenn die Prüfungen außerhalb der eigentlichen Prüfräume stattfinden?	
5.4 Sind die Prüfräume in dem erforderlichen Umfang vor extremen Einflüssen, z.B. durch Hitze, Staub, Feuchtigkeit, Dampf, Geräusch, Erschütterungen, elektromagnetische und andere Störungen geschützt und werden sie in diesem Zustand gehalten?	
5.5 Sind die Prüfräume ausreichend geräumig, um das Schadens- oder Gefahrenrisiko zu begrenzen und dem Personal ausreichend Bewegungsfreiheit zu ermöglichen?	
5.6 Sind die Prüfräume mit den für die Prüfung benötigten Einrichtungen und Energieanschlüssen ausgestattet?	
Ausgegeben an:	T+K Labor

H. Kohl, Qualitätsmanagement im Labor

ISBN 3-540-58100-6

5.7 Sind die Prüfräume, falls es für die Prüfung erforderlich ist, mit Vorrichtungen zur Überwachung der Umgebungsbedingungen ausgestattet?	
5.8 Wird der Zugang zu allen Prüfbereichen und deren Benutzung in einer dem vorgesehenen Verwendungszweck angemessenen Weise kontrolliert?	
5.9 Sind die Voraussetzungen für den Zutritt von Außenstehenden zu dem Prüflaboratorium festgelegt?	
5.10 Sind geeignete Maßnahmen für Ordnung und Sauberkeit im Prüflaboratorium getroffen?	
5.11 Werden alle Einrichtungen ordnungsgemäß gewartet und liegen genaue Wartungsanleitungen vor?	
5.12 Wird jeder Einrichtungsgegenstand, der überlastet oder falsch gehandhabt worden ist, zweifelhafte Ergebnisse liefert oder sich durch eine Kalibrierung oder anderweitig als fehlerhaft erwiesen hat, solange außer Betrieb gesetzt, klar gekennzeichnet und an bestimmter Stelle aufbewahrt, bis er repariert worden ist und dann durch Prüfung oder Kalibrierung der Nachweis erbracht worden ist, daß er wieder zufriedenstellend funktioniert?	
5.13 Untersucht das Prüflaboratorium die Auswirkung dieses (5.12) Fehlers auf vorherige Prüfungen?	
Ausgegeben an:	T+K Labor

H. Kohl, Qualitätsmanagement im Labor

ISBN 3-540-58100-6

5.14 Werden über jede wichtige Prüf- und Meßeinrichtung Aufzeichnungen angefertigt und enthalten diese Aufzeichnungen folgende Angaben? a) Bezeichnung des Einrichtungsgegenstandes; b) Herstellername, Typenbezeichnung und Seriennummer; c) Datum der Beschaffung und Datum der Inbetriebnahme; d) gegebenenfalls gegenwärtiger Standort; e) Anlieferungszustand (z.B. neu, gebraucht, überholt); f) Einzelheiten der durchgeführten Wartung; g) Angaben über Schäden, Funktionsstörungen, Änderungen oder Reparaturen.	
5.15 Werden die im Prüflaboratorium verwendeten Meß- und Prüfeinrichtungen gegebenenfalls vor Inbetriebnahme und danach nach einem hierfür festgelegten Programm kalibriert?	
5.16 Wird das gesamte Kalibrierungsprogramm so ausgelegt und durchgeführt, daß alle in dem Prüflaboratorium vorgenommenen Messungen, soweit sinnvoll, auf nationale und, soweit vorhanden, auf internationale Meßnormale rückgeführt werden?	
Ausgegeben an:	T+K Labor

H. Kohl, Qualitätsmanagement im Labor

ISBN 3-540-58100-6

5.17 Erbringt das Prüflaboratorium dort, wo eine Rückführbarkeit auf nationale oder internationale Meßnormale nicht möglich ist, einen zufriedenstellenden Nachweis über Korrelation oder Genauigkeit der Prüfergebnisse (z.B. durch Teilnahme an einem geeigneten Programm für Vergleichsprüfungen durch Prüflaboratorien)?	
5.18 Werden die bei den Prüflaboratorien vorhandenen Referenz-Meßnormale nur für die Kalibrierung und nicht für andere Zwecke verwendet?	
5.19 Werden Referenz-Meßnormale von einer kompetenten Stelle, die für die Rückführbarkeit auf nationale oder internationale Meßnormale sorgen kann, kalibriert?	
5.20 Werden die Prüfeinrichtungen sofern erforderlich, regelmäßig zwischen den planmäßigen Kalibrierterminen überprüft?	
5.21 Sind die Referenzmaterialien, wenn möglich, auf national oder international genormte Referenz-Materialien rückführbar?	
Ausgegeben an:	T+K Labor

H. Kohl, Qualitätsmanagement im Labor

ISBN 3-540-58100-6

6. *PRÜFVERFAHREN UND PRÜFANWEISUNGEN DES PRÜFLABORATORIUMS*	
6.1 Verfügt das Prüflaboratorium über geeignete schriftliche Anweisungen, sofern das Fehlen solcher Anweisungen, die Wirksamkeit des Prüfablaufes gefährden könnte? Gemeint sind alle Anweisungen für die Benutzung aller Prüfeinrichtungen, erforderlichenfalls für den Umgang mit und die Vorbereitung von Prüfgegenständen und Anweisungen für einheitliche Prüfverfahren.	
6.2 Werden alle Anweisungen, Normen, Handbücher und Referenzdaten, die für die Tätigkeit des Prüflaboratoriums von Bedeutung sind, auf dem neuesten Stand gehalten und sind sie dem Personal leicht verfügbar?	
6.3 Wendet das Prüflaboratorium die Verfahren an, die in der technischen Spezifikation festgelgt sind, nach der der Prüfgegenstand zu prüfen ist und ist diese technische Spezifikation dem Prüfpersonal zugänglich?	
6.4 Lehnt das Prüflaboratorium Anträge ab, Prüfungen nach Prüfverfahren durchzuführen, die ein objektives Ergebnis gefährden können oder von geringer Aussagekraft sind?	
6.5 Werden nichtgenormte Prüfverfahren und Prüfanweisungen vollständig schriftlich niedergelegt?	
Ausgegeben an:	T+K Labor

H. Kohl, Qualitätsmanagement im Labor

ISBN 3-540-58100-6

6.6 Sind alle Berechnungen und Datenübertragungen in geeigneter Form überprüfbar?	
6.7 Ist dort, wo Prüfergebnisse mit elektronischer Datenverarbeitung ermittelt werden, das Datenverarbeitungssystem so zuverlässig und stabil, daß die Genauigkeit der Prüfergebnisse nicht beeinträchtigt wird und ist das System in der Lage, Störungen während des Programmablaufs zu entdecken und geeignete Maßnahmen zu ergreifen?	
Ausgegeben an:	T+K Labor

H. Kohl, Qualitätsmanagement im Labor

ISBN 3-540-58100-6

7. QUALITÄTSSICHERUNGSSYSTEM DES PRÜFLABORATORIUMS	
7.1 Betreibt das Prüflaboratorium ein Qualitätssicherungssystem, das der Art, der Bedeutung und dem Umfang der durchzuführenden Arbeiten angemessen ist?	
7.2 Sind die Elemente dieses Systems in einem Qualitätssicherungs-Handbuch festgehalten, das den Mitarbeitern des Prüflaboratoriums zur Verfügung steht?	
7.3 Wird das Qualitätssicherungs-Handbuch durch einen als verantwortlich benannten Mitarbeiter des Prüflaboratoriums auf dem neuesten Stand gehalten?	
7.4 Sind von der Leitung des Prüflaboratoriums ein oder mehrere Mitarbeiter benannt, die für die Qualitätssicherung innerhalb des Prüflaboratoriums verantwortlich sind und haben sie direkten Zugang zur Geschäftsleitung?	
7.5 Enthält das Qualitätssicherungs-Handbuch mindestens folgende Elemente? a) Aussage zur Qualitätspolitik; b) Aufbau des Prüflaboratoriums (Organigramm); c) Aufgaben und Kompetenzen zur Qualitätssicherung, damit für jede betroffene Person Umfang und Grenzen ihrer Verantwortlichkeit klar sind; d) allgemeine Abläufe der Qualitätssicherung; e) gegebenenfalls spezielle Abläufe der Qualitätssicherung für jede einzelne Prüfung;	
Ausgegeben an:	T+K Labor

H. Kohl, Qualitätsmanagement im Labor

ISBN 3-540-58100-6

f)	gegebenenfalls Bezugnahme auf Eignungsprüfungen, Verwendung von Referenzmaterial;	
g)	ausreichende Vorkehrungen für den Informationsrückfluß und für korrigierende Maßnahmen, wenn Unstimmigkeiten bei Prüfungen festgestellt werden;	
h)	Verfahren zur Behandlung von Beanstandungen.	
7.6	Wird das Qualitätssicherungssystem systematisch und regelmäßig von oder im Namen der Leitung überwacht, um die dauerhafte Wirksamkeit der Abläufe und die Einleitung von notwendigen korrigierenden Maßnahmen sicherzustellen?	
7.7	Werden diese Überwachungen zusammen mit Einzelheiten über alle getroffenen korrigierenden Maßnahmen aufgezeichnet?	
Ausgegeben an:		T+K Labor

H. Kohl, Qualitätsmanagement im Labor

ISBN 3-540-58100-6

8. *PRÜFBERICHTE DES PRÜFLABORATORIUMS*	
8.1 Werden die von dem Prüflaboratorium durchgeführten Arbeiten in einem Bericht zusammengefaßt, der sorgfältig, klar und eindeutig die Prüfergebnisse und alle wichtigen Informationen wiedergibt?	
8.2 Enthält jeder Prüfbericht wenigstens folgende Angaben? a) Name und Anschrift des Prüflaboratoriums und den Prüfort, sofern dieser nicht mit der Anschrift des Prüflaboratoriums übereinstimmt; b) eindeutige Kennzeichnung des Berichts (z.B. laufende Nummer) und jeder Seite des Berichtes, sowie Angabe der Gesamtseitenzahl des Berichtes; c) Name und Anschrift des Auftraggebers; d) Beschreibung und Bezeichnung des Prüfgegenstandes; e) Eingangsdatum des Prüfgegenstandes und Datum (Daten) der Prüfung; f) Bezeichnung der Prüfspezifikation oder Beschreibung von Prüfverfahren oder -anweisungen; g) gegebenenfalls Beschreibung der Probennahme; h) alle Abweichungen, Zusätze oder Einschränkungen gegenüber der Prüfspezifikation sowie andere Informationen, die für eine spezielle Prüfung von Bedeutung sind; i) Angaben über alle angewandten, nicht genormten Prüfverfahren oder -anweisungen;	
Ausgegeben an:	T+K Labor

H. Kohl, Qualitätsmanagement im Labor

ISBN 3-540-58100-6

j) Messungen, Untersuchungen und abgeleitete Ergebnisse, gegebenenfalls ergänzt durch Tabellen, Graphiken, Skizzen und Fotos, sowie alle festgestellten Fehler; k) Angabe zur Meßunsicherheit (falls erforderlich); l) Unterschrift und Titel oder gleichwertige Kennzeichnung von Personen, die die Verantwortung für den technischen Inhalt des Prüfberichtes übernehmen sowie Ausstellungsdatum; m) Hinweis, daß die Prüfergebnisse sich ausschließlich auf die Prüfgegenstände beziehen; n) Hinweis, daß ohne schriftliche Genehmigung des Prüflaboratoriums der Bericht nicht auszugsweise vervielfältigt werden darf.	
8.3 Wird dem Aufbau des Prüfberichts, insbesondere hinsichtlich der Wiedergabe der Prüfdaten und der Verständlichkeit für den Leser, besondere Sorgfalt und Aufmerksamkeit geschenkt?	
8.4 Ist der Aufbau des Prüfberichtes sorgfältig und je nach Art der vorgenommenen Prüfung gestaltet und werden soweit wie möglich einheitliche Überschriften verwendet?	
8.5 Werden nach der Herausgabe eines Prüfberichtes Berichtigungen oder Zusätze ausschließlich in einem gesonderten Schriftstück vorgenommen, daß entsprechend - z.B. als "Änderung/Ergänzung zum Prüfbericht mit der Nummer (oder mit sonstiger Bezeichnung)"- gekennzeichnet ist und entsprechen sie den einschlägigen Festlegungen der vorstehenden Abschnitte?	
Ausgegeben an:	T+K Labor

H. Kohl, Qualitätsmanagement im Labor
© Springer-Verlag Berlin Heidelberg 1996
ISBN 3-540-58100-6

8.6	Enthalten die Prüfberichte weder Ratschläge noch Empfehlungen, die sich aus den Prüfergebnissen ergeben?	
8.7	Werden die Prüfergebnisse in Übereinstimmung mit Anweisungen, die Teil der Unterlagen über das Prüfverfahren sein können, sorgfältig, klar, vollständig und eindeutig wiedergegeben?	
8.8	Werden quantitative Ergebnisse mit der errechneten oder geschätzten Meßunsicherheit angegeben?	
	Prüfergebnisse, die für einen Prüfgegenstand erzielt wurden, der aus einem Los, einer Charge oder einer Produktionsmenge nach statistischen Festlegungen ausgewählt wurde, werden häufig dazu benutzt, Rückschlüsse auf die Merkmale des Loses, der Charge oder der Produktionsmenge zu ziehen.	
8.9	Wird jeder Schluß von den Prüfergebnissen auf die Merkmale des Loses, der Charge oder der Produktionsmenge auf einem gesonderten Schriftstück vollzogen?	
	Anmerkung: Bei Prüfergebnissen kann es sich um Meßwerte, Feststellungen aufgrund einer Sichtprüfung oder einer Funktionsprüfung des Prüfgegenstandes, abgeleitete Ergebnisse oder jede andere Art von Beobachtung bei der Prüftätigkeit handeln. Prüfergebnisse können durch Tabellen, Fotos oder graphische Darstellungen aller Art, die entsprechend ausgewiesen sind, ergänzt werden.	
Ausgegeben an:		T+K Labor

H. Kohl, Qualitätsmanagement im Labor

ISBN 3-540-58100-6

9. ***AUFZEICHNUNGEN DES PRÜFLABORATORIUMS***	
9.1 Unterhält das Prüflaboratorium ein Aufzeichnungssystem, das seinen besonderen Verhältnissen angepaßt ist und mit allen bestehenden Vorschriften übereinstimmt?	
9.2 Werden alle ursprünglichen Beobachtungen, Berechnungen und abgeleiteten Daten, ebenso wie die Aufzeichnungen über Kalibrierungen und der endgültige Prüfbericht über einen angemessenen Zeitraum aufbewahrt?	
9.3 Enthalten die Aufzeichnungen über jede Prüfung genügend Angaben, um eine Wiederholung der Prüfung zu gestatten?	
9.4 Enthalten die Aufzeichnungen Angaben über die Personen, die an der Probennahme, der Probenvorbereitung oder der Prüfung beteiligt sind?	
9.5 Werden alle Aufzeichnungen und Prüfberichte sicher aufbewahrt und im Interesse des Auftraggebers vertraulich behandelt, soweit gesetzlich nichts anderes verlangt ist?	
Ausgegeben an:	T+K Labor

H. Kohl, Qualitätsmanagement im Labor

ISBN 3-540-58100-6

10. HANDHABUNG DER PROBEN ODER PRÜFGEGENSTÄNDE	
10.1 Erfolgt die Identifizierung der zu prüfenden oder zu kalibrierenden Proben oder Prüfgegenstände systematisch entweder durch Dokumente oder durch Kennzeichnung, um sicherzustellen, daß eine Verwechslung bezüglich der Identität der Proben oder Prüfgegenstände und der Meßergebnisse nicht möglich ist?	
10.2 Schließt das System Vorkehrungen ein, um sicherzustellen, daß die Proben oder Prüfgegenstände anonym gehandhabt werden, z.B. gegenüber anderen Auftraggebern?	
10.3 Ist, sofern notwendig, ein Verfahren zur Aufbewahrung von Proben oder Prüfgegenständen unter Verschluß vorhanden?	
10.4 Werden in jedem Stadium der Lagerung, Behandlung und Vorbereitung für die Prüfung Vorsichtsmaßnahmen getroffen, um Beschädigungen der Proben oder Prüfgegenstände z.B. durch Verschmutzung, Korrosion oder Überbelastung zu verhindern, die die Prüfergebnisse verfälschen würden?	
10.5 Werden alle den Proben oder Prüfgegenständen beiliegenden Anweisungen beachtet?	
10.6 Gibt es für den Eingang, die Aufbewahrung und die Beseitigung von Proben oder Prüfgegenständen eindeutige Regelungen?	
Ausgegeben an:	T+K Labor

H. Kohl, Qualitätsmanagement im Labor

ISBN 3-540-58100-6

11. SICHERSTELLUNG DER VERTRAULICHKEIT DURCH DAS PRÜFLABORATORIUM	
11.1 Beachtet das Personal des Prüflaboratoriums das Berufsgeheimnis in bezug auf alle Informationen die es in Erfüllung seiner Aufgaben erhält?	
11.2 Stellt das Prüflaboratorium gemäß den Vertragsbedingungen bei seinen Arbeiten die Vertraulichkeit sicher?	
Ausgegeben an:	T+K Labor

H. Kohl, Qualitätsmanagement im Labor

ISBN 3-540-58100-6

12. UNTERAUFTRÄGE DES PRÜFLABORATORIUMS	
Unteraufträge Prüflaboratorien haben in der Regel die Prüfungen, zu denen sie sich vertraglich verpflichten, selbst durchzuführen. Sollte ein Prüflaboratorium ausnahmsweise für einen Teil der Prüfung Unteraufträge vergeben, so müssen diese einem anderen Prüflaboratorium erteilt werden, das den hier genannten Anforderungen entspricht.	
12.1 Kann das Prüflaboratorium sicherstellen, daß sein Auftragnehmer kompetent ist, die betreffenden Dienstleistungen zu erbringen, und denselben Kompetenzkriterien genügt, wie sie für das Prüflaboratorium in bezug auf die weitervergebenen Arbeiten gelten?	
12.2 Unterrichtet das Prüflabor den Auftraggeber von seiner Absicht, Prüfungen an eine andere Institution zu vergeben und ist dieser Unterauftragnehmer für den Auftraggeber akzeptabel?	
12.3 Zeichnet das Prüflaboratorium die Einzelheiten der Überprüfung der Kompetenz seiner Unterauftragnehmer und deren Einhaltung der Bedingungen auf, bewahrt es diese Aufzeichnungen auf und legt es ein Verzeichnis aller abgeschlossenen Unteraufträge an?	
Ausgegeben an:	T+K Labor

H. Kohl, Qualitätsmanagement im Labor

ISBN 3-540-58100-6

13. ZUSAMMENARBEIT DES PRÜFLABORATORIUMS MIT AUFTRAGGEBERN	
13.1 Arbeitet das Prüflaboratorium mit dem Auftraggeber oder dessen Vertreter in der Weise zusammen, daß dieser den Auftrag erläutern und die Leistung des Prüflaboratoriums in bezug auf die durchzuführende Arbeit übersehen kann?	
13.2 Beinhaltet diese Zusammenarbeit folgende Punkte? a) Gewährung des Zugangs für den Auftraggeber oder seinen Vertreter zu den betreffenden Bereichen des Prüflaboratoriums, um bei den Prüfungen, die für ihn durchgeführt werden als Zeuge anwesend sein zu können. Es wird vorausgesetzt, daß ein solcher Zugang auf keinen Fall mit Regeln der Vertraulichkeit hinsichtlich der Arbeit für andere Auftraggeber und mit der Sicherheit in Konflikt gerät; b) Vorbereitung, Verpackung und Versand von Proben oder Prüfgegenständen, die der Auftraggeber zwecks Überprüfung benötigt.	
13.3 Verfügt das Prüflaboratorium über ein festgelegtes Beschwerdeverfahren?	
13.4 Ist dieses Beschwerdeverfahren dokumentiert und steht es auf Anfrage zur Verfügung?	
Ausgegeben an:	T+K Labor

H. Kohl, Qualitätsmanagement im Labor

ISBN 3-540-58100-6

14. ***ZUSAMMENARBEIT MIT STELLEN, DIE AKKREDITIERUNG GEWÄHREN***	
14.1 Arbeitet das Prüflaboratorium mit der Stelle, die Akkreditierung gewährt, und ihrem Vertreter soweit wie notwendig, angemessen zusammen, damit diese die Erfüllung dieser Anforderungen und anderen Kriterien überwachen kann? Beinhaltet diese Zusammenarbeit folgende Punkte: a) Gewährung des Zutritts für den Vertreter zu den betreffenden Bereichen des Prüflaboratorium, um bei Prüfungen als Zeuge anwesend zu sein; b) Durchführung einer angemessenen Überprüfung, damit die Stelle, die Akkreditierung gewährt, die Prüffähigkeit des Prüflaboratoriums feststellen kann; c) Vorbereitung, Verpackung und Versand von Proben oder Prüfgegenständen, die die Stelle, die Akkreditierung gewährt, zwecks Nachprüfung benötigt. d) Teilnahme an einem geeigneten Programm für Eignungs- oder Vergleichsprüfungen, das die Stelle, die Akkreditierung gewährt, für notwendig erachtet; e) Erlaubnis zur genauen Prüfung der Ergebnisse der vom Prüflaboratorium selbst durchgeführten internen Audits oder der Eignungsprüfungen durch die Stelle, die Akkreditierung gewährt?	
Ausgegeben an:	T+K Labor

H. Kohl, Qualitätsmanagement im Labor

ISBN 3-540-58100-6

15. ZUSAMMENARBEIT DES PRÜFLABORATORIUMS MIT ANDEREN PRÜFLABORATORIEN UND MIT STELLEN, DIE NORMEN UND VORSCHRIFTEN ERARBEITEN	
15.1 Nimmt das Prüflaboratorium, soweit möglich, an der Erstellung nationaler, europäischer oder internationaler Normen für den Bereich der Prüfungen teil?	
15.2 Nimmt das Prüflaboratorium, soweit möglich, am Informationsaustausch mit anderen Prüflaboratorien teil, die Prüftätigkeiten im selben technischen Bereich ausüben? (Das Ziel ist, über einheitliche Prüfverfahren zu verfügen und die Prüfqualität, soweit möglich, zu verbessern).	
15.3 Werden, soweit möglich, regelmäßige Vergleiche durch Eignungsprüfungen durchgeführt, um die erforderliche Genauigkeit sicherzustellen?	
Ausgegeben an:	T+K Labor

H. Kohl, Qualitätsmanagement im Labor

ISBN 3-540-58100-6

16	***PFLICHTEN, DIE SICH AUS DER AKKREDITIERUNG ERGEBEN***	
16.1	Erfüllt das Prüflaboratorium folgende Pflichten, die sich aus seiner Akkreditierung ergeben? Das Prüflaboratorium	
a)	muß jederzeit die Anforderungen dieser Norm und weitere, von der Stelle, die Akkreditierung gewährt, vorgegebene Kriterien erfüllen;	
b)	muß klarstellen, daß es nur in bezug auf Prüfleistungen, für die ihm die Akkreditierung gewährt worden ist und die gemäß den Anforderungen dieser Norm und anderer von der Akkreditierungsstelle vorgegebenen Kriterien erbracht werden, anerkannt ist;	
c)	muß die Gebühren für die Antragstellung, Mitgliedschaft, Begutachtung, Überwachung und andere Leistungen zahlen, die von der Akkreditierungsstelle unter Berücksichtigung der jeweiligen Kosten von Zeit zu Zeit neu festgesetzt werden;	
d)	darf seine Akkreditierung nicht so gebrauchen, daß die Akkreditierungsstelle in Mißkredit gebracht wird, und darf in bezug auf seine Akkreditierung keine Angaben machen, die von der Akkreditierungsstelle begründet als irreführend betrachtet werden können;	
e)	darf nach Beendigung der Gültigkeit seiner Akkreditierung (wie auch immer bedingt) davon keinen Gebrauch mehr machen und hat diesbezügliche Werbung einzustellen;	
f)	hat in allen Verträgen mit seinen Auftraggebern deutlich zu machen, daß die Akkreditierung des Prüflaboratoriums oder seine Prüfberichte als solche in keinem Fall bedeuten, daß die Akkreditierungsstelle oder eine andere Stelle dieses Erzeugnis gebilligt hat;	
Ausgegeben an:		T+K Labor

H. Kohl, Qualitätsmanagement im Labor

ISBN 3-540-58100-6

g) muß darauf hinwirken, daß Prüfberichte oder Teile davon von einem Auftraggeber dann nicht für Werbezwecke benutzt oder freigegeben werden, wenn die Benutzung von der Akkreditierungsstelle als irreführend betrachtet wird. Der Prüfbericht darf in keinem Fall auszugsweise ohne schriftliche Genehmigung der Akkreditierungsstelle und des Prüflaboratoriums vervielfältigt werden; h) hat die Akkreditierungsstelle unverzüglich über jede Änderung zu unterrichten, die Auswirkungen auf die Erfüllung der Anforderungen dieser Norm und anderer Kriterien hat und die die Leistungsfähigkeit oder den Tätigkeitsbereich des Prüflaboratoriums berühren.	
16.2 Folgende Punkte sind ein wörtliches Zitat aus der EN 45001. Sie stellen wichtige Pflichten für das Prüflaboratorium dar, die sich aus einer Akkreditierung ergeben: • Bei Hinweis auf seinen Akkreditierungsstatus in Veröffentlichungen wie Dokumenten, Broschüren oder in Anzeigen hat das Prüflaboratorium gegebenenfalls folgenden oder einen entsprechenden Satz zu verwenden: "Prüflaboratorium, akkreditiert von - (Akkreditierungsstelle) für - (Geltungsbereich der Akkreditierung) unter Registriernummer(n) -". • Das Prüflaboratorium muß von seinen Auftraggebern, die auf die Inanspruchnahme eines akkreditierten Prüflaboratoriums hinweisen wollen, verlangen, daß sie gegebenenfalls folgenden Satz verwenden: "Geprüft von - (Name des Prüflaboratoriums), eines von - (Akkreditierungsstelle) für - (Geltungsbereich der Akkreditierung) unter Registriernummer(n) - akkreditierten Prüflaboratoriums".	
Ausgegeben an:	T+K Labor

H. Kohl, Qualitätsmanagement im Labor

ISBN 3-540-58100-6

• Bei Zurückziehung seiner Akkreditierung hat das Prüflaboratorium darauf hinzuwirken, daß solche Hinweise unterbleiben. • Ein Prüflaboratorium kann unter Einhaltung einer einmonatigen (oder anderen von den Parteien vereinbarten) Frist durch entsprechende schriftliche Benachrichtigung der Akkreditierungsstelle auf seine Akkreditierung verzichten.	
Ausgegeben an:	T+K Labor

H. Kohl, Qualitätsmanagement im Labor

ISBN 3-540-58100-6

3.4 EN 45002: Die Begutachtung von Prüflabors durch Akkreditierungsstellen

In diesem Abschnitt diskutieren wir einerseits den Inhalt der Norm EN 45002: "Allgemeine Kriterien zum Begutachten von Prüflaboratorien" und skizzieren darüber hinaus den typischen Ablauf einer Laborbegehung.

Die Kriterien der EN 45002 stellen nicht nur einen allgemeinen Maßstab für die Begutachtung von Prüf- und Kalibrierlabors durch Akkreditierungsstellen dar, sondern sie sind darüber hinaus auch zur Anwendung durch andere Stellen gedacht, welche die Kompetenz von Labors überprüfen und anerkennen. Die EN 45002 sollte daher auch zum Beispiel als Leitfaden für Prüflabors dienen, die unterauftragnehmende nicht akkreditierte Labors begutachten, um deren Qualitätsfähigkeit und Kompetenz zu prüfen. Dabei sollte man sich nicht davon irritieren lassen, daß die EN 45002 in erster Linie von "Akkreditierungskriterien", "Geltungsbereich der Akkreditierung" usw. spricht. Aus den genannten Gründen ist es insbesondere für die Laborleitung und die QM-Beauftragten empfehlenswert, sich mit den Anforderungen dieser Norm vertraut zu machen.
Nur im Vorbeigehen sei darauf hingewiesen, daß auch Zertifizierungsstellen für Produkte, die nach der in der Einleitung erwähnten Norm EN 45011 organisiert sind und arbeiten, die von ihnen mit Prüfungen beauftragten Prüflaboratorien begutachten müssen. Auch für sie ist die EN 45002 als Grundlage gedacht.

Die Abbildungen 3.4-1 und 3.4-2 beschreiben in Form von Ablaufdiagrammen die Schritte bei der Vorbereitung einer Laborbegehung und beim eigentlichen Laboraudit durch eine Akkreditierungsstelle. Diese Abläufe sind ausführlich genug und bedürfen kaum einer weiteren Erläuterung. Wichtig ist vielleicht die Ergänzung, daß die Begutachter eines Labors selbst nicht die Akkreditierung eines Labors aussprechen, sondern diese in ihren Abschlußberichten nur empfehlen oder nicht empfehlen. Die Entscheidung über die Akkreditierung wird auf der Grundlage der Begutachterberichte und eventueller ergänzender Informationen durch Entscheidungsgremien in der Akkreditierungsstelle selbst getroffen. Die Abläufe für diese Entscheidungsfindung sind in den einzelnen Akkreditierungsstellen zwar ähnlich, aber nicht gleich. Es wurde daher hier auf ihre Darstellung verzichtet.

Die in den folgenden Ausführungen kursiv gedruckten Textstellen sind Zitate aus der EN 45002.

Akkreditierungskriterien

Die Akkreditierungskriterien, nach denen eine Akkreditierungsstelle die Kompetenz eines Prüflabors überprüft, müssen mindestens die in der EN 45001 genannten Kriterien umfassen.

Da es sich bei der EN 45001 jedoch um eine branchenübergreifende Norm handelt, muß die Akkreditierungsstelle in der Lage sein, zusätzliche fachspezifische und technische Kriterien festzulegen.
Dies geschieht entweder durch beratende Fachkomitees oder durch Personen, die der Akkreditierungsstelle zur Seite stehen.
Die von der Akkreditierungsstelle angewandten allgemeinen und speziellen Kriterien müssen publiziert sein.

Geltungsbereich der Akkreditierung

Der Geltungsbereich einer Akkreditierung muß durch Bezugnahme auf Prüfungen oder Prüfungsarten und gegebenenfalls auf Erzeugnisse eindeutig definiert werden.

Die Prüfverfahren, die zur Durchführung von Prüfungen eingesetzt werden, für die eine Akkreditierung gewährt werden soll, müssen entweder durch eine Norm oder durch ein anderes dokumentiertes Verfahren definiert sein.

Eine Akkreditierung ist nur für genau bestimmte technische Aufgabenbereiche zu gewähren, die an ständigen oder wechselnden Laboratoriumsstandorten eingerichtet sein können.

Antrag auf Akkreditierung

Der Antrag auf Akkreditierung ist von einem ordnungsgemäß autorisierten Vertreter des Labors durch die Unterzeichnung eines offiziellen Antragsformulars zu stellen, in dem:

1. *der Geltungsbereich der gewünschten Akkreditierung definiert ist;*
2. *der Antragsteller erklärt, daß er die Funktionsweise des Akkreditierungssystems kennt;*
3. *der Antragsteller damit einverstanden ist, das Akkreditierungsverfahren einzuhalten, insbesondere das Begutachterteam aufzunehmen und anfallende Gebühren zu bezahlen, die den antragstellenden Prüflaboratorien unabhängig von dem Begutachtungsergebnis in Rechnung gestellt werden, sowie die Kosten für die nachfolgende Überwachung des akkreditierten Prüflaboratoriums zu übernehmen;*

4. *der Antragsteller einverstanden ist, die Kriterien für die Akkreditierung zu erfüllen.*

Dem antragstellenden Prüflaboratorium ist eine detaillierte Beschreibung des Akkreditierungsverfahrens und eine Übersicht über die anfallenden Gebühren zu übergeben. Das Prüflaboratorium ist über Rechte und Pflichten von akkreditierten Prüflabors zu unterrichten und es sind ihm weitergehende einschlägige Informationen zu geben

Akkreditierungsverfahren

Das Akkreditierungsverfahren muß umfassen:

1. *die Sammlung der Informationen, die für die Begutachtung des antragstellenden Prüflaboratoriums nötig sind;*

2. *die Ernennung eines oder mehrerer qualifizierter Begutachter, die dazu bestimmt sind, das antragstellende Prüflaboratorium zu begutachten;*

3. *die Begutachtung des antragstellenden Prüflaboratoriums an Ort und Stelle;*

4. *die Überprüfung des gesamten zusammengetragenen Beurteilungsmaterials;*

5. *die Entscheidung, dem antragstellenden Prüflaboratorium die Akkreditierung mit oder ohne Bedingungen und unter Festlegung des Geltungsbereichs dieser Akkreditierung zu gewähren oder die Akkreditierung zu verweigern.*

Vor der eigentlichen Begutachtung vor Ort hat das Prüflaboratorium folgende Informationen zu geben, die von der Akkreditierungsstelle vertraulich zu behandeln sind:

1. *die allgemeinen Angaben des antragstellenden Prüflaboratoriums (organisatorische Einheit: Name, Anschrift, Rechtsform, personelle und technische Ausstattung);*

2. *allgemeine Informationen über das antragstellende Prüflaboratorium, wie Haupttätigkeit, Stellung innerhalb einer größeren Organisation und Standort der beteiligten Prüflaboratorien;*

3. *eine Liste der Prüfungen für jede betroffene technische Betriebseinheit, für die eine Akkreditierung gewünscht wird;*

4. *eine Liste mit den Namen und Titeln der Personen, die für die technische Richtigkeit der Prüfberichte verantwortlich sind;*

5. *Beschreibung der internen Organisation und des Qualitätssischerungs-systems, das das antragstellende Prüflaboratorium benutzt, um Vertrauen in die Qualität seiner Prüftätigkeiten zu schaffen, indem es sein Qualitätssicherungs-Handbuch und, wenn notwendig, die wesentlichen Qualitätssicherungspläne und Nachweise der Rückführbarkeit von Messungen auf nationale und internationale Meßnormale darlegt;*

6. *Beispiele von Prüfberichten, die das antragstellende Prüflaboratorium im Falle seiner Akkreditierung herausgeben will.*

Die von der Akkreditierungsstelle benannten Begutachter müssen formell bestellt werden und ihre Beauftragung muß klar definiert sein. Dem antragstellenden Prüflaboratorium sind die Namen der bestellten Begutachter mitzuteilen, damit es die Möglichkeit hat, gegen sie Einspruch zu erheben.

Das antragstellende Prüflaboratorium ist vor Ort von den bestellten Begutachtern und, wenn notwendig, von anderen Vertretern der Akkreditierungsstelle zu begutachten.
Das Begutachterteam hat der Akkreditierungsstelle alle Informationen und Eindrücke mitzuteilen, die für die Beurteilung der Akkreditierungsfähigkeit des Prüflaboratoriums entscheidend sind. Dies gilt auch für die Ergebnisse der eventuell durchgeführten Eignungsprüfungen.
Dem Prüflaboratorium muß das Ergebnis der Begutachtung mitgeteilt werden und es muß die Möglichkeit bekommen, dazu Stellung zu nehmen. Dies gilt auch bezüglich der von der Akkreditierungsstelle gegebenenfalls geplanten Maßnahmen.

Sämtliche vom Prüflaboratorium eingereichten Unterlagen und die Ergebnisse der Begutachtung vor Ort werden von der Akkreditierungsstelle dahingehend ausgewertet, ob eine Akkreditierung in den vom Prüflaboratorium beantragten Umfang gewährt werden kann.
Die Entscheidung hierüber muß schriftlich niedergelegt werden und kann von der Akkreditierungsstelle an bestimmte Bedingungen geknüpft werden. Die Akkreditierung kann zeitlich befristet sein und muß im Bedarfsfall im Zuge eines entsprechenden Verfahrens verlängert werden.

Begutachter

Die für die Begutachtung eines Prüflabors bestellten Begutachter müssen:

1. *vertraut sein mit den Akkreditierungskriterien, möglichen zusätzlichen technischen Kriterien und dem betreffenden Akkreditierungsverfahren;*

2. *eingehende Kenntnisse des betreffenden Begutachtungsverfahrens und der Begutachtungsdokumente haben;*

3. *technisch vertraut sein mit spezifischen Prüfungen oder Prüfungsarbeiten, für die eine Akkreditierung gewünscht wird;*

4. *fähig sein, effektiv zu kommunizieren;*

5. *unabhängig von Interessen sein, die ihn veranlassen könnten, anders als unparteiisch, vertraulich und nichtdiskriminierend zu handeln.*

Die Akkreditierungsstelle muß über ein geeignetes Qualifizierungsverfahren zur Bestellung von Begutachtern verfügen. Dieses muß eine Prüfung der fachlichen Kompetenz sowie eine Beteiligung an Laborbegutachtungen unter der Führung durch bereits bestellte Begutachter umfassen.

Die Akkreditierungsstelle muß über die Begutachter Aufzeichnungen vorhalten und auf dem laufenden halten, die folgende Angaben enthalten müssen:

1. *Name und Anschrift;*

2. *Stellung innerhalb der Organisation des Arbeitgebers;*
3. *Ausbildung und ausgeübter Beruf;*

4. *Berufserfahrung;*

5. *Ausbildung in Qualitätssicherung, Begutachtung und Kalibrierung;*

6. *Erfahrung in der Begutachtung von Prüflaboratorien und in ihrem Fachgebiet;*

7. *Zeitpunkt der letzten Aktualisierung der Aufzeichnungen.*

Die Begutachter müssen mit aktuellen Verfahrensbestimmungen ausgestattet werden, die Instruktionen über die Begutachtung und Informationen über Akkreditierungsvereinbarungen geben.
Hierbei handelt es sich insbesondere um fachspezifische Checklisten, wie sie von den einzelnen Sektorkomitees der Akkreditierungsstelle erarbeitet werden.

Die Akkreditierungsstelle muß über Verfahren verfügen,

1. *um sicherzustellen, daß ein bestellter Begutachter einverstanden ist, beauftragt zu werden um innerhalb eines vorgesehenen Zeitraumes ein bestimmtes Prüflaboratorium zu begutachten;*

2. *um einen leitenden Begutachter zu bestimmen;*

3. *um sicherzustellen, daß die Mitglieder eines Begutachterteams über alle notwendigen Informationen über das zu begutachtende Prüflaboratorium verfügen, z. B. erforderliche Informationen über die Begutachtung, über die wesentlichen Normen, die die Prüfungen beschreiben, für die eine Akkreditierung beantragt wird, gegebenenfalls über frühere Begutachtungsberichte.*

Begutachtungsverfahren

Das Begutachtungsverfahren, das benutzt wird, um zu prüfen, daß ein Prüflaboratorium den Akkreditierungskriterien und möglichen weiteren technischen Kriterien genügt, muß in der jeweils aktuellen Version durch die Akkreditierungsstelle veröffentlicht werden und den interessierten Kreisen zugänglich sein.

Jedem Mitglied eines Begutachtungsteams sind die für eine korrekte Begutachtung nötigen Dokumente wie zum Beispiel Checklisten zur Verfügung zu stellen.

Begutachtungsbericht

Das Begutachterteam hat nach Abschluß der Begutachtung des Prüflabors vor Ort so schnell wie möglich einen schriftlichen Bericht zu erstellen und der Akkreditierungsstelle zu übergeben. Das begutachtete Prüflaboratorium erhält entweder eine vollständige Kopie dieses Berichtes, oder aussagekräftige Auszüge.

Der Begutachterbericht muß nach einem von der Akkreditierungsstelle vorgegebenen einheitlichen Verfahren abgefaßt sein und mindestens Aussagen zu folgenden Punkten machen:

1. *Namen der Mitglieder des Begutachterteams;*

2. *Unterschrift des leitenden Begutachters;*

3. *Bezeichnung und Anschriften der begutachteten technischen Aufgabengebiete des Prüflaboratoriums;*

4. *Geltungsbereich für die beantragte Akkreditierung;*

5. *Informationen über die technische Qualifikation, Ausbildung, Erfahrung und Befugnis des betroffenen Personals und insbesondere der Personen, die für die technische Richtigkeit von Prüfberichten verantwortlich sind;*

6. *Ausführungen zur internen Organisation und zu den Verfahren, die von dem antragstellenden Prüflaboratorium angewendet werden, um Vertrauen in die Eignung seiner Prüfungen zu schaffen;*

7. *Informationen über Eignungsprüfungen, die von dem antragstellenden Prüflaboratorium durchgeführt wurden, die Ergebnisse dieser Eignungsprüfungen und deren Berücksichtigung durch das Prüflaboratorium;*

8. *Ausführungen des Begutachterteams, inwieweit das antragstellende Prüflaboratorium die Akkreditierungsanforderungen erfüllt;*

9. *Ausführungen zum Aufbau der Prüfberichte;*

10. *Ausführungen zu getroffenen Korrekturmaßnahmen aufgrund von Nichtübereinstimmungen, die bei früheren Begutachtungen festgestellt worden sind.*

Eignungsprüfungen

Eine Akkreditierungsstelle kann Prüflaboratorien dazu auffordern, an Eignungsprüfungen teilzunehmen., wobei diese von der Akkreditierungsstelle selbst oder von einer anderen kompetenten Stelle organisiert werden können.
Wenn die Ergebnisse der geforderten Eignungsprüfungen für ein Prüflaboratorium unbefriedigend ausfallen, muß die Akkreditierung überprüft werden. Eine Akkreditierung darf jedoch nicht allein auf der Grundlage von Eignungsprüfungen gewährt oder aufrechterhalten werden

Überwachung von akkreditierten Prüflaboratorien

Nachdem ein Prüflaboratorium akkreditiert worden ist, muß in regelmäßigen Abständen sichergestellt werden, daß es auch weiterhin die an eine Akkreditierung geknüpften Forderungen erfüllt.
Hierzu hat die Akkreditierungsstelle in bestimmten Abständen, spätestens jedoch nach 5 Jahren eine erneute Begutachtung des Prüflaboratoriums durchzuführen.
Die Entscheidung, eine Akkreditierung zu beenden, einzuschränken oder ruhen zu lassen, ist von der Akkreditierungsstelle erst nach Anhörung des Prüflaboratoriums zu treffen.

Akkreditierung für Zusatzprüfungen

Eine Akkreditierungsstelle muß über schriftliche Verrfahrensbestimmungen für die Begutachtung von Prüflaboratorien, die eine Akkreditierung für Zusatzprüfungen beantragen, verfügen.

Wenn ein akkreditiertes Prüflaboratorium die Begutachtung eines Bereiches beantragt, für den es vorher nicht akkreditiert worden ist, muß eine vollständige Begutachtung dieses Bereiches durchgeführt werden.

Prüfbericht des akkreditierten Prüflaboratoriums

Allgemein darf ein Prüflaboratorium nur dann in seinen Prüfberichten über Prüfungen oder Erzeugnisse auf seine Akkreditierung hinweisen, wenn hierfür eine Akkreditierung gewährt worden ist.
Die Akkreditierungsstelle darf dem Prüflaboratorium gestatten, in die Prüfberichte Prüfergebnisse mit aufzunehmen, für die keine Akkreditierung gewährt worden ist, vorausgesetzt, diese werden entsprechend gekennzeichnet.
Prüfungen, die ganz oder teilweise an Unterauftragnehmer vergeben wurden, sind in den Prüfberichten entsprechend zu kennzeichnen.

Vergabe von Unteraufträgen durch akkreditierte Prüflaboratorien

Eine Akkreditierungsstelle gestattet einem Prüflaboratorium in der Regel die Vergabe von Unteraufträgen nur an akkreditierte Labors. Weicht sie in Ausnahmefällen hiervon ab, so muß sie sicherstellen, daß das unterauftragvergebende Prüflaboratorium

1. *die betreffenden Anforderungen der Europäischen Norm EN 45001 berücksichtigt,*

2. *in dem Prüfbericht klar zwischen der von ihm selbst durchgeführten Prüfarbeit und der weitervergebenen Arbeit unterscheidet.*

Insgesamt darf die weitervergebene Prüftätigkeit nur einen kleinen Teil der gesamten Prüftätigkeit ausmachen, die von dem auftraggebenden akkreditierten Prüflaboratorium durchgeführt wird. Letzteres hat auch die volle Verantwortung für alle weitergegebenen Prüfarbeiten zu übernehmen.

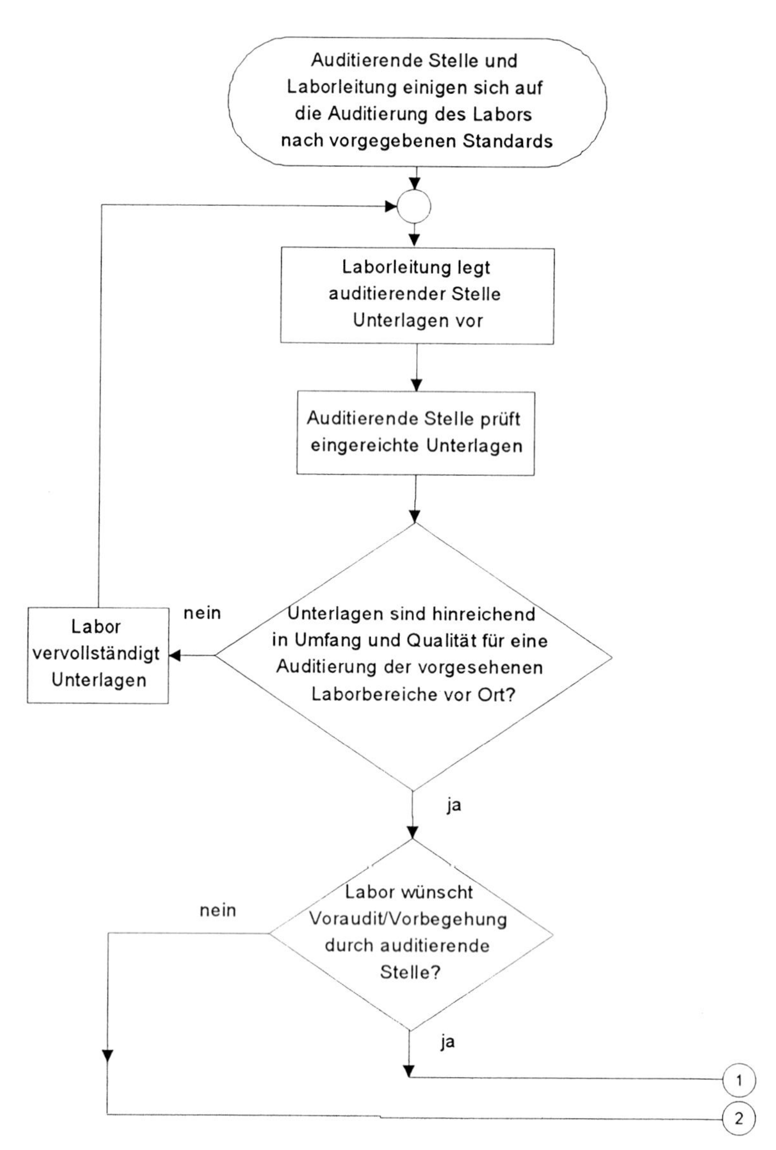

Abbildung 3.4-1: Vorbereitung einer Laborbegutachtung

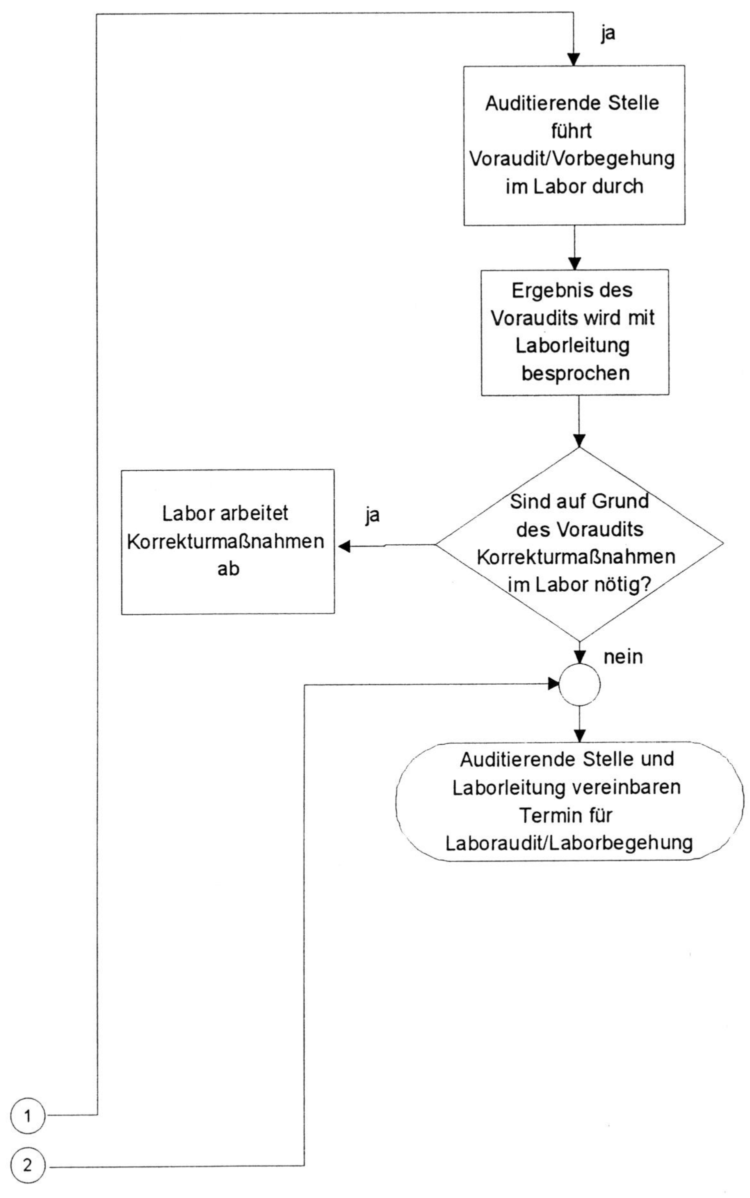

Abbildung 3.4-1: Vorbereitung einer Laborbegutachtung - Fortsetzung -

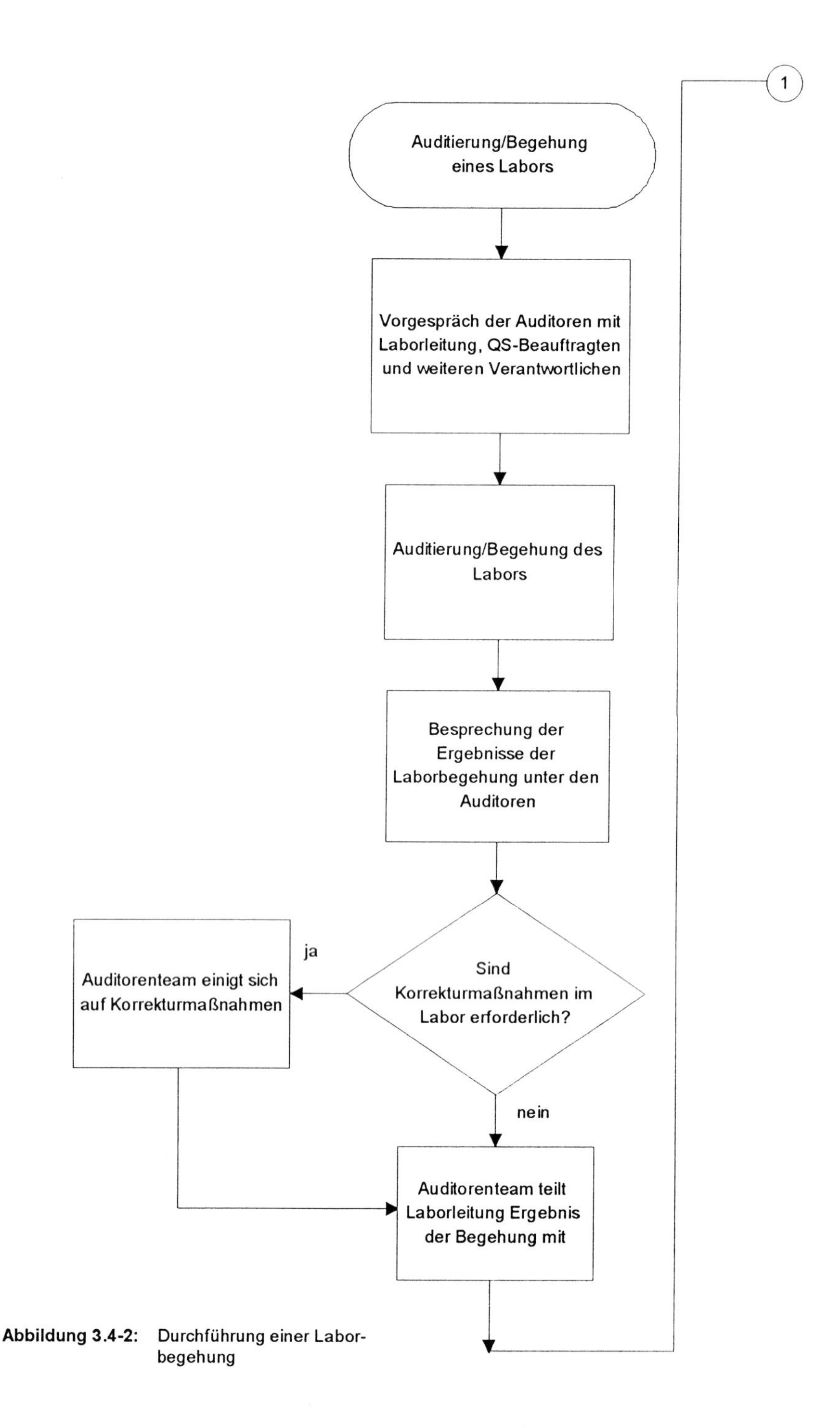

Abbildung 3.4-2: Durchführung einer Laborbegehung

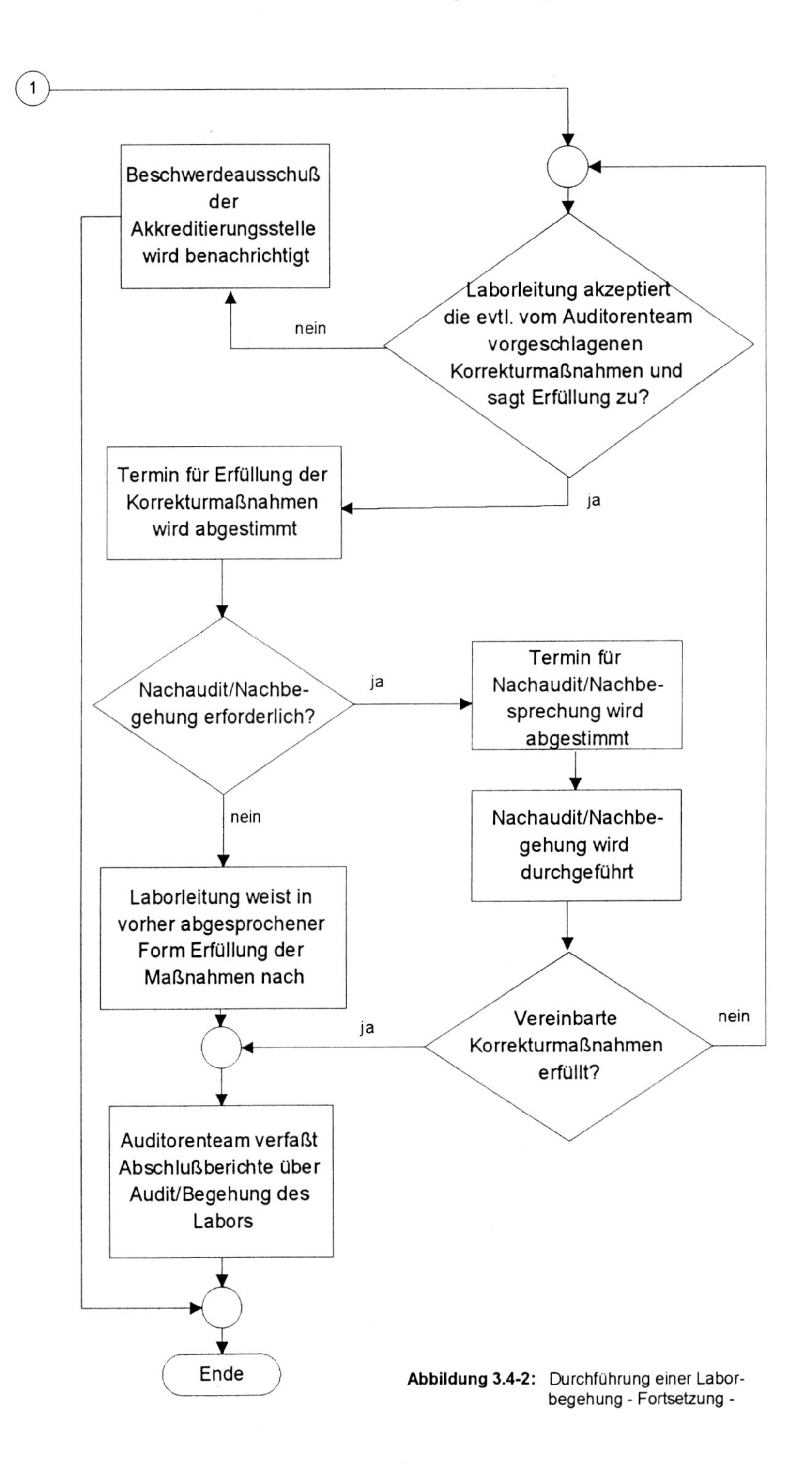

Abbildung 3.4-2: Durchführung einer Labor-begehung - Fortsetzung -

4. Beispiele für besondere Anforderungen an Prüflaboratorien

4.1 Allgemeine Vorbemerkung

An verschiedenen Stellen dieses Buches wurde bereits darauf hingewiesen, daß die Anforderungen der EN 45001 und des ISO Guide 25 an die Arbeitsweise von Prüflaboratorien allgemeine Regelungen und Feststellungen enthalten und keine Hinweise auf branchenspezifische Auslegungen. Im Kapitel 2 wurden daher die QM-Elemente nach den genannten Standards ganz allgemein diskutiert. Die dort gegebenen Hinweise, Interpretationshilfen, Beispiele und Checklisten sind daher grundsätzlich und auf jedes Prüflabor anwendbar.
Es wurde jedoch auch schon darauf hingewiesen, daß die EN 45001 und der ISO Guide 25 immer implizit davon ausgehen, daß die sonst existierenden Anforderungen an ein Prüflabor, die auch national unterschiedlich sein können, vom Labor ebenfalls erfüllt werden.
Anders gesagt: die EN 45001 ist als Rahmen zu verstehen, der noch durch weitere Anforderungen ergänzt werden muß. Im wesentlichen sind dabei folgende Arten solcher zusätzlicher Anforderungen typisch:

- Gesetzliche Anforderungen an das Prüflabor und behördliche Auflagen;
- Vorgaben durch Normen, Richtlinien und ähnliche Dokumente;
- Richtlinien und Vorgaben von Akkreditierungsstellen und ähnlichen Einrichtungen.

In diesem Buch beschäftigen wir uns in erster Linie mit den Anforderungen an Labors im Kontext einer Akkreditierung. Dabei kann davon ausgegangen werden, daß ein Prüflabor die für es geltenden gesetzlichen Anforderungen kennt und anwendet, denn dies ist Grundvoraussetzung für jeden Gewerbebetrieb. Wir wollen an dieser Stelle auch nicht intensiv auf mitgeltende Normen, Richtlinien und dergleichen eingehen, die für das jeweilige Labor in irgendeinem Teilbereich relevant sein könnten. Hervorzuheben wären etwa die diversen Regeln für Arbeitssicherheit in den Labors. Auch die Flut der Normen, die unterschiedliche Bereiche des Laboralltags tangieren, ist gewaltig.

In diesem Abschnitt werden an einigen für die Praxis besonders wichtigen Beispielen spezifische Anforderungen skizziert, die Akkreditierungsstellen und insbesondere die EAL (European Cooperation for Accreditation of Laboratories) an bestimmte Labortypen stellen. Es soll an dieser Stelle explizit betont werden, daß die Diskussion dieser Anforderungen als Beispiel zur Orientierung dienen soll. Dem Labor muß in jedem Falle empfohlen werden, sich im Rahmen seines Akkreditierungsverfahrens und auch später im Zuge der Überwachung, die aktuellen Anforderungen von seiner Akkreditierungsstelle nennen zu lassen, da diese sich verändern können. Man denke hierbei etwa an Gebiete wie Kalibrierung der Prüfgeräte, Anforderungen an Prüfpersonal, Einsatz von Referenzmaterialien und die Teilnahme des Labors an Ringversuchen.

Die in diesem Kapitel besprochenen Anforderungen an Labors für chemische Prüfungen, sensorische Prüfungen usw. sind selbstverständlich auch von allen Labors zu berücksichtigen, die außer den genannten noch andere Prüfungen durchführen. Es handelt sich also im wesentlichen um spezifische Anforderungen für bestimmte Prüfarten. Die Darstellung ist unterschiedlich ausführlich und soll eigentlich nur zur Illustration weitergehender spezifischer Anforderungen in bestimmten Prüfbereichen dienen.

4.2 Labors für chemische Prüfungen

Die im Kapitel 2 gemachten allgemeinen Ausführungen bezüglich eines QM-Systems in Prüflaboratorien gelten analog natürlich auch für analytische Laboratorien. In diesem Abschnitt sollen darüber hinaus einige spezielle Aspekte für analytische Labors angegeben werden, wie sie von Akkreditierungsstellen und internationalen Dachorganisationen im Rahmen einer fachspezifischen Auslegung der EN 45001 skizziert werden.

Geräteart/Prüfart	**Checkpunkte**
Chromatographen	Umfassende Systemprüfungen, Präzision bei wiederholten Probeninjektionen, Verschleppung; Säulenleistung (Kapazität, Auflösung, Retentionszeiten); Detektorleistung (Output, Ansprechen, Rauschen, Drift, Selektivität, Linearität); Systemheizung/Thermostatisierung (Genauigkeit, Präzision, Stabilität, Anstiegsverhalten); Autosampler (Genauigkeit und Präzision von Zeitroutinen).
Flüssig- und Ionenchromatographie (spezielle Anforderungen)	Zusammensetzung der mobilen Phase; Fördersystem der mobilen Phase (Genauigkeit, Präzision, impulsfreie Pumpe).
Elektroden und Meßsysteme, Leitfähigkeit, pH und ionensensitive Elektroden	Elektrodendrift und vermindertes Ansprechen; Festpunkt, Prüfung der Steigung mit Standardlösungen.

Tabelle 4.2-1 Checkpunkte für die Überprüfung gängiger Geräte im analytischen Labor (in Anlehnung an Arbeitskreis EURACHEM/D)

Geräteart/Prüfart	Checkpunkte
Heizungs- und Kühlgeräte, Gefriertrockner, Gefrierschränke, Öfen, Heißluftsterilisatoren, Inkubatoren, Schmelz- und Siedepunktapparaturen, Ölbäder, Dampfsterilisatoren, Wasserbäder	Periodische Kalibrierung der Temperatursensorsysteme mit Standardthermometern oder Pyrobroben; Thermische Stabilität, Vergleichbarkeit; Aufheiz-/Abkühlgradienten und Zyklen; Fähigkeit, Druck und Vakuum zu erreichen und zu halten.
Spektrometer, Spektrophotometer, (Atomabsorption, Fluorometrie, induktiv gekoppeltes Plasma, optische Emissionsspektrometrie, IR-Spektrometrie, Luminiszenzspektrometrie, Massenspektrometrie, kernmagnetische Resonanzspektroskopie, UV-VIS, Röntgenfluoreszenzspektrometrie)	Genauigkeit, Präzision, Stabilität der Wellenlängeneinstellung; Stabilität der Strahlungsquelle; Detektorleistung (Auflösung, Selektivität, Stabilität, Linearität, Genauigkeit, Präzision) Signal/Rauschverhältnis, Detektorkalibrierung (Masse, ppm, Wellenlänge, Frequenz, Extinktion, Transmission, Bandbreite, Intensität usw.); wo verwendbar: interne Temperaturkontrollen und Indikatoren.
Mikroskope	Auflösungsvermögen; Meßgitterkalibrierung (bei Längenmessung)

Tabelle 4.2-1 Checkpunkte für die Überprüfung gängiger Geräte im analytischen Labor (in Anlehnung an Arbeitskreis EURACHEM/D) - Fortsetzung -

Spezielle Checkpunkte zu analytischen Labors

Nr.	Fragen	Bemerkungen
4	**Räumlichkeiten, Prüfumgebung und Einrichtungen**	
4-1	Ist der Zutritt zu den einzelnen Laborbereichen geregelt und wird er hinlänglich überwacht?	
4-2	Werden die gültigen Standards bezüglich Laborsicherheit vom Labor erfüllt?	
4-3	Ist die Größe der Laborfläche hinreichend mit Hinblick auf die durchgeführten Prüfungen und die beschäftigten Personen?	
4-4	Sind die Büroräume und die Aufenthaltsräume für das Personal getrennt von den Prüfräumen?	
4-5	Sind getrennte Räume für die organische und anorganische Probenaufbereitung vorhanden?	
4-6	Sind Abzugshauben in ausreichender Zahl vorhanden?	
4-7	Sind genügend Kontrolleinrichtungen zur Überwachung der Umgebungsbedingungen (Temperatur, Klima usw.) vorhanden?	

Nr.	Fragen	Bemerkungen
4-8	Werden Prüfungen so durchgeführt, daß eine Querkontamination oder wechselseitige Beeinflussung der Prüfungen ausgeschlossen ist?	
4-9	Werden Kalibriersubstanzen und Referenzmaterialien wo sinnvoll eingesetzt und separat von anderen Chemikalien und von den Proben gelagert?	
4-10	Werden Proben getrennt von Chemikalien oder anderen Hilfsstoffen gelagert?	
4-11	Gibt es ein angemessenes Lager für Rückstellproben?	
4-12	Werden Lösungsmittel separat gelagert?	
4-13	Betreibt das Prüflaboratorium eine ordentliche und mit der EN 45001 konforme Verwaltung seiner Prüfmittel? Bemerkung: Vgl. Abschnitt 2.4 dieses Buches.	

Nr.	Fragen	Bemerkungen
4-14	Wurden für jedes Prüfmittel adäquate Regelungen bezüglich Funktionsprüfung und Kalibrierung getroffen? Bemerkung: Es ist unmöglich allgemeine Richtlinien für die Art und den Umfang der Funktionsprüfung und Verfahren und Intervalle zur Kalibrierung anzugeben. Die Empfehlungen der Hersteller in den Geräteunterlagen sind zu berücksichtigen. Vergleiche hierzu auch Tabelle 4.2-1. Die Häufigkeit der Kalibrierung volumetrischer Glasgefäße hängt ebenfalls von der Art und Häufigkeit ihres Einsatzes ab. Dasselbe gilt für Waagen und Thermometer.	

4.3 Labors für sensorische Prüfungen

Sensorische Prüfungen sind insbesondere in der Lebensmittel- und Parfumindustrie, aber auch in anderen Branchen wesentlich. Man versteht darunter Prüfungen, die unter dem **direkten** Einsatz der menschlichen Sinne durchgeführt werden. Die "Prüfparameter" sind dabei:

- Geschmack,
- Geruch,
- Klang oder Geräusch,
- Aussehen oder Gestalt

und gegebenenfalls Kombinationen aus diesen.

Im Januar 1995 hat die EAL (European Cooperation for Accreditation of Laboratories) unter der Bezeichnung EAL-G16 (Accreditation for Sensory Testing Laboratories - Guidance on the Interpretation of the EN 45000 Series of Standards and ISO/IEC Guide 25) ein Dokument veröffentlicht, das einerseits Prüflaboratorien behilflich sein soll, ihren Bereich sensorische Prüfungen akkreditierungsfähig zu gestalten. Auf der anderen Seite dient das Dokument Akkreditierungsstellen und Begutachtern solcher Laboratorien als Grundlage für die Laborbegutachtung.

Ohne daß darauf im folgenden immer wieder hingewiesen wird, lehnt sich dieser Abschnitt 4.3 im wesentlichen an die genannte EAL-Veröffentlichung an und stellt den Zusammenhang mit den anderen Abschnitten dieses Buches her.

Eines der Hauptprobleme mit sensorischen Prüfverfahren ist es, diese möglichst weitgehend zu objektivieren. Akkreditierungsstellen sollen im Rahmen von Akkreditierungsverfahren nur solche Prüfverfahren akzeptieren, die vollständig dokumentiert und validiert sind. Das Prüflaboratorium muß den Nachweis erbringen, daß bei Anwendung seiner sensorischen Prüfverfahren unter definierten Bedingungen und bei Einsatz von entsprechend geschultem Personal, dieses Personal innerhalb bekannter Toleranzgrenzen reproduzierbare Prüfergebnisse erzielt.
Die Tabelle 4.3-1 stellt allgemeine Kriterien zusammen, die in diesem Sinne an Labors für sensorische Prüfungen und objektive Prüfverfahren und deren Durchführung im Labor zu stellen sind.

- Validierung der Prüfverfahren
- Dokumentation der Prüfverfahren
- Schulungs- und Auswahlverfahren für Prüfpersonal
- Zweckmäßige Prüfeinrichtungen
- Planung, Organisation und Betrieb der Prüfeinrichtungen
- Wartung und Kalibrierung der Prüfeinrichtungen
- Fortlaufende Überprüfung des eingesetzten Prüfpersonals und der eingesetzten Probanden/Begutachter
- Fortlaufende Qualitätskontrollverfahren
- Einsatz geeigneter Referenz- und Schulungsmaterialien
- Verfahren zur Überprüfung von Prüfdaten
- Aufzeichnungen über durchgeführte Prüfungen und QM-Maßnahmen

Tabelle 4.3-1 Anforderungen an Prüflaboratorien bei der Durchführung von sensorischen Prüfungen

Akkreditiert werden können die in nationalen und internationalen Normenwerken und auch in anderen (etwa branchenspezifischen) Regelwerken definierten sensorische Prüfverfahren. Auch vom Labor entwickelte Hausverfahren können akkreditiert werden, sofern sie validiert worden sind. Nicht akkreditiert werden können aber derzeit zum Beispiel Konsumenten-Präferenztests.
Das Labor sollte im Bedarfsfalle die Akkreditierungsstelle konsultieren, um festzustellen, welche sensorischen Prüfungen aktuell für akkreditierungsfähig betrachtet werden. Gerade bei sensorischen Prüfungen wird die eine oder andere Präzedenzentscheidung nötig sein. Die in der Sensorik gängigen Tests wie die Dreiecksprüfung, die paarweise Unterschiedsprüfung und Intensitätsprüfungen sind aber im allgemeinen akkreditierbar.

Im folgenden geben wir aus Gründen der schnellen Lesbarkeit und der direkten Anwendbarkeit in Form einer kommentierten Checkliste spezielle Anforderungen an Prüflabors wieder, die sensorische Prüfungen durchführen. Die Gliederung der Checkliste orientiert sich dabei an der Einteilung und Nummerierung der QM-Module für Prüflabors im Kapitel 2 dieses Buches und ergänzt diese.

Checkpunkte für sensorische Labors

Nr.	Fragen	Bemerkungen
4	**Räumlichkeiten, Prüfumgebung und Einrichtungen**	
4-1	Sind die Räumlichkeiten, in denen sensorische Prüfungen durchgeführt werden, ihrem Verwendungszweck angemessen? Bemerkung: Die Norm ISO 8589 - Design of Test Rooms for Sensory Analysis of Food ist möglichst zu berücksichtigen, ebenso die vorhandenen DIN-Normen. Allgemein müssen die Umgebungsbedingungen für die sensorischen Prüfungen so definiert und überwacht sein, daß sie die Prüfergebnisse nicht beeinflussen. Dazu muß in jedem Falle sichergestellt sein, daß keine Geruchsbeeinträchtigung oder eine Beeinträchtigung durch Geräusche, unangemessene Beleuchtung usw. eintritt.	
4-2	Sind Prüfplätze in ausreichender Zahl und Größe vorhanden und sind sie so angeordnet, daß ihre Beschickung mit Proben so geschehen kann, daß eine Beeinflussung des Prüfpersonals (Probanden/Begutachter) ausgeschlossen ist?	
4-3	Gibt es ein angemessenes Reinigungskonzept für die Prüfräume, die Prüfplätze und die übrigen Einrichtungen? Bemerkung: Zu berücksichtigen ist z. B. die Verwendung von geruchsneutralen Reinigungsmitteln.	

Nr.	Fragen	Bemerkungen
4-4	Findet eine angemessene Überwachung und Regelung der Umgebungsbedingungen wie Temperatur, Feuchtigkeit usw. statt? Bemerkung: Der Einsatz stark riechender Markierstifte kann bereits zu einer unerwünschten Beeinflussung von Prüfergebnissen führen.	
4-5	Unterliegen alle im Zusammenhang mit sensorischen Prüfungen eingesetzten Geräte und Hilfsmittel einer angemessenen Überwachung durch das Prüflabor oder durch externe Stellen? Bemerkung: Soweit es sich bei den Geräten um Thermometer, Waagen u. ä. handelt, so gelten für sie die üblichen Anforderungen (vgl. Kapitel 2). Im Zusammenhang mit sensorischen Prüfungen werden aber oft besondere Gerätschaften wie Backöfen, Mikrowellengeräte, Messer und andere Schneidevorrichtungen, Bestecke, Kühl- und Gefriervorrichtungen usw. eingesetzt. Auch diese sind angemessen zu handhaben und zu überwachen. Im Falle der eingesetzten Backöfen kann es z. B. notwendig sein, die Verteilung des Temperaturprofils in der Backröhre zu bestimmen und zu überwachen.	

Nr.	Fragen	Bemerkungen
4-6	Werden die im Rahmen von sensorischen Prüfungen eingesetzten Geräte und Hilfsmittel soweit möglich und nötig kalibriert und ist die Rückführbarkeit auf nationale oder internationale Normale sichergestellt?	
4-7	Werden zertifizierte Referenzmaterialien eingesetzt? Bemerkung: Zertifizierte Referenzmaterialien sind nicht in allen Fällen erhältlich, noch sinnvoll. Wo aber solche verfügbar sind, sollten sie auch eingesetzt werden. In manchen Fällen wird das Prüflabor selbst Vergleichsstandards für seine Bedürfnisse herstellen und einsetzen. Diese sollten dann mit Angaben über die Konzentration, Lagerbedingungen, Verfallsdatum usw. gekennzeichnet sein. Der Umgang mit Referenzmaterialien muß sachgemäß erfolgen. Kontaminationen müssen z. B. ausgeschlossen sein. Das Personal muß in den Umgang mit Referenzmaterialien eingewiesen sein.	

Nr.	Fragen	Bemerkungen
5.	**Personal und Schulung**	
5-1	Sind die Mindestanforderungen an die Qualifikation des im Rahmen von sensorischen Prüfungen einsetzbaren Personals durch die Laborleitung festgelegt? Bemerkung: Sensorische Prüfungen müssen entweder von oder unter der Leitung einer Person durchgeführt werden, die mit sensorischen Prüfungen hinlängliche Erfahrungen hat. Für diese Leitungstätigkeit ist in der Regel eine zweijährige einschlägige Berufserfahrung als Voraussetzung anzusetzen.	
5-2	Wird das im Rahmen von sensorischen Prüfungen eingesetzte Personal nach seinem Bedarf geschult und seine Qualifikation überwacht und dokumentiert? Bemerkung 1: Die Schulungsmaßnahmen sollten unter anderem folgende Aspekte umfassen: 1. Versuchsplanung und Auswahl von Prüfverfahren; 2. Vor- und Aufbereitung der Proben; 3. Erfassung und Weiterverarbeitung der Prüfdaten;	

Nr.	Fragen	Bemerkungen
	4. Anfertigung und Verwaltung von Prüfprotokollen und sonstigen Aufzeichnungen; 5. Handhabung und Wartung der eingesetzten Prüfgeräte; 6. Anleitung und Einweisung der für sensorische Bewertungen eingesetzten Personen bezüglich aller relevanten Aspekte, insbesondere auch bezüglich gesundheitsrelevanter Fragen der Testpersonen. Bemerkung 2: Die EAL-Publikation EAL-G16 untergliedert das im Rahmen von sensorischen Prüfungen eingesetzte Personal in zwei Gruppen: 1. Das Prüfpersonal, das sensorische Prüfungen vorbereitet, durchführt und auswertet. 2. Die Probanden oder Begutachter, die im Rahmen von sensorischen Prüfungen die faktischen Begutachtungen vornehmen. Die Schulungsmaßnahmen müssen jeweils spezifisch auf die Bedürfnisse und die besonderen Aufgaben der beiden Gruppen zugeschnitten sein.	
5-3	Gehen aus den Aufzeichnungen über das vom Labor eingesetzte Personal alle relevanten Qualifikationen und Schulungen bezüglich sensorischer Prüfungen hervor?	

	Fragen	**Bemerkungen**
5-4	Liegen Verfahrensanweisungen vor, wie die im Rahmen von sensorischen Prüfungen eingesetzten Probanden/Begutachter rekrutiert, ausgewählt, geschult, überwacht und in spezifischen Prüfungen von Fall zu Fall eingesetzt werden und sind diese Verfahrensanweisungen akzeptabel?	
6.	**Prüfverfahren und Prüfanweisungen**	
6-1	Führt das Prüflabor - wo möglich - sensorische Prüfungen nach allgemein anerkannten Verfahren durch	
6-2	Sind die vom Prüflabor verwendeten Prüfverfahren validiert? Bemerkung: Auf die Validierung der Prüfverfahren ist besonders im Falle von vom Labor selbst entwickelten Hausverfahren oder bei Prüfverfahren zu achten, die nicht als Standardprüfmethoden angesehen werden können.	

	Fragen	Bemerkungen
6-3	Sind die vom Labor eingesetzten Prüfverfahren für sensorische Prüfungen dokumentiert und enthalten die entsprechenden Verfahrens- oder Arbeitsanweisungen Aussagen zu mindestens folgenden Punkten: 01. Bezeichnung des Prüfverfahrens; 02. Einleitung; 03. Ziel, Zweck und Anwendungsbereich des Verfahrens; 04. Definitionen; 05. Grundlagen des Prüfverfahrens; 06. Anforderungen an die eingesetzten Probanden/Begutachter und an deren Schulung; 07. Vor- und Aufbereitung der Proben; 08. Zusammensetzung des Gruppe der Probanden/Begutachter; 09. Anforderungen an die Prüfumgebung und an die Einrichtungen; 10. Beschreibung des Prüfverfahrens; 11. Statistische Auswertung der Prüfergebnisse; 12. Verfahrenskenndaten (z. B. Wiederholbarkeit usw.); 13. Verfahren zur Qualitätssicherung; 14. Mitgeltende Unterlagen?	

	Fragen	Bemerkungen
6-4	Liegt in den Fällen, wo das Prüflabor mehrere alternative Prüfverfahren einsetzt, eine Verfahrensanweisung vor, in der die Auswahlkriterien und Auswahlstrategien für einzelne Prüfverfahren beschrieben sind?	
6-5	Wird in den Fällen, wo dies notwendig ist, die körperliche und gesundheitliche Verfassung der Probanden/Begutachter vor und während der Prüfung überwacht und aufgezeichnet?	
6-6	Trägt das Prüflabor im Rahmen von sensorischen Prüfungen Sorge für die körperliche Unversehrtheit der Probanden/Begutachter?	
6-7	Werden selbst entwickelte Prüfverfahren für sensorische Prüfungen oder modifizierte Standardverfahren validiert und umfaßt die Validierung Aussagen zu mindestens folgenden Punkten: 01. Wiederholbarkeit/Reproduzierbarkeit; 02. Selektivität und Spezifität; 03. Empfindlichkeit; 04. Nachweisgrenzen/Bestimmungsgrenzen; 05. Vergleiche mit anderen Prüfverfahren; 06. Ringversuche/Vergleichsprüfungen?	

	Fragen	Bemerkungen
7.	**Handhabung der Proben und Prüfgegenstände**	
7-1	Sind die vom Labor im Rahmen von sensorischen Prüfungen eingesetzten Verfahren zur Probenahme dokumentiert und akzeptabel? Bemerkung: Das Probenahmeverfahren ist bei sensorischen Prüfungen wie auch sonst von wesentlicher Bedeutung für das gesamte Prüfverfahren. Die Probenahme sollte daher nur durch erfahrenes und entsprechend geschultes Personal erfolgen.	
7-2	Ist ausgeschlossen, daß das Probenahmeverfahren die Probe in einer Weise verändert, daß dies die Prüfergebnisse beeinflussen kann?	
7-3	Ist ausgeschlossen, daß die Art der Verpakkung und des Transports der Proben die Probe in einer Weise verändert, daß dies die Prüfergebnisse beeinflussen kann?	

	Fragen	Bemerkungen
7-4	Hat das Prüflabor im Rahmen von sensorischen Prüfungen ein eindeutiges und akzeptables Verfahren zur Kennzeichnung der Proben eingeführt? Bemerkung: Dabei muß bedacht werden, daß dieses Verfahren gegebenenfalls auch die Teilung von Proben erlauben muß.	
7-5	Hat das Prüflabor im Rahmen von sensorischen Prüfungen zweckmäßige Verfahren und Einrichtungen zur Lagerung von Proben?	
8.	**Aufzeichnungen**	
8-1	Werden über die durchgeführten sensorischen Prüfungen vom Prüflabor Aufzeichnungen vorgehalten, die mindestens folgende Informationen enthalten: 01. Prüfauftrag; 02. Angaben zu den geprüften Proben; 03. Instruktionsunterlagen und Fragebögen, wie sie an die Probanden/Begutachter verteilt wurden;	

	Fragen	**Bemerkungen**
	04. Aufzeichnungen der Prüfergebnisse; 05. Angewendete Prüfverfahren; 06. Datum und Uhrzeit der Prüfungen; 07. Ort an dem die Prüfungen durchgeführt wurden; 08. Verstrichene Zeit zwischen den Proben; 09. Einzelheiten zur Probenkennzeichnung; 10. Vor- und Aufbereitungsmethoden für die Proben und verwendete Einrichtungen; 11. Identität der Personen, die mit der Vor- und Aufbereitung der Proben betraut waren; 12. Reihenfolge der Darreichung der Proben an die einzelnen Probanden/Begutachter; 13. Identität der eingesetzten Probanden/Begutachter; 14 Aufzeichnungen über die Auswahl und Schulung aller an der Prüfung beteiligten Probanden/Begutachter; 15. Ergebnisse von Wiederholungsprüfungen; 16. Ergebnisse von Kontrollproben;	

	Fragen	Bemerkungen
	17. Aufzeichnungen über die Überwachung der Umgebungsbedingungen; 18. Aufzeichnungen über alle Faktoren, die das Prüfergebnis beeinflussen könnten (z. B. Temperatur); 19. Verfahren der Datensammlung und Datenaufbereitung; 20. Verwendete statistische Verfahren; 21. Prüfbericht?	

4.4 Labors für Material- und Werkstoffprüfungen

Die Zahl der in der Praxis angewandten mechanischen und sonstigen Verfahren der Material- und Werkstoffprüfung ist gewaltig und man müßte zweifellos für jede einzelne Prüfart eine Monographie zur Darstellung der Details verfassen, in der dann auch die jeweils nötigen Anforderungen an die apparative Ausstattung, an die Kalibrierung usw. darzustellen wären. In diesem kurzen Abschnitt sollen nur einige allgemeine Hinweise für Labors gegeben werden, die eine dieser Prüfarten anwenden und eine Akkreditierung anstreben.
Zu den verbreiteten mechanischen Prüfungen gehören u. a.:

- Schwingversuche,
- Biegeversuche,
- Faltversuche,
- Umlaufbiegeversuche,
- Bruchmechanikversuche,
- Warmzugversuche,
- Innendruckprüfungen,
- Kerbschlagbiegeversuche,
- Zeitstandsversuche,
- Dehnungswechselversuche,
- Gestaltfestigkeitsprüfungen,
- Zugversuche.

Eine weitere große Gruppe der Materialprüfungen bilden die zerstörungsfreien Prüfverfahren, zu denen u. a. gehören:

- Ultraschallprüfungen,
- Eindringprüfungen,
- Wirbelstromprüfungen,
- Magnetpulverprüfungen,
- Durchstrahlungsprüfungen.

In der Praxis kommt es häufig vor, daß Prüflaboratorien Unsicherheiten haben, ob die Akkreditierungsstelle ihre spezielle Handhabung einzelner Prüfvorrichtungen sowie die Art und Weise der Durchführung einzelner Prüfverfahren akzeptabel findet. So gibt es zum Beispiel oft offene Fragen bezüglich der angewandten Kalibrierverfahren, Referenzproben usw.. In diesen Fällen kann dem Labor nur empfohlen werden, rechtzeitig vor der Laborbegehung Kontakt mit den entsprechenden Sektorkomitees der Akkreditierungsstelle aufzunehmen, um solche offenen Fragen zu klären. Es wird in diesem Zusammenhang gelegentlich auch nötig sein, individuelle Entscheidungen und Auslegungen durch die Akkreditierungsstelle zu treffen, wenn nicht bereits existierende und allgemein akzeptierte Regelungen existieren. Ein Voraudit im Labor durch einen kompetenten

Vertreter der Akkreditierungsstelle kann in solchen Situationen ebenfalls für Klarheit sorgen.

Für das Gebiet der zerstörungsfreien Prüfungen hat die bereits in anderen Zusammenhängen mehrfach genannte EAL (European Cooperation for Accreditation of Laboratories) im Januar 1995 ein längeres Dokument unter dem Titel EAL-G15 veröffentlicht: "Accreditation for Non-Destructive Testing Laboratories - Interpretation of accreditation requirements specified in EN 45001 und ISO/IEC Guide 25". Dieses Dokument kann über die Akkreditierungsstellen bezogen werden und es enthält spezifische Anforderungen an die Ausbildungsniveaus der Prüfer, Anforderungen an die Laborausstattung und andere Aspekte.

5 Elemente eines QM-Systems für Forschungs-, Entwicklungs- und andere Dienstleistungslaboratorien

Die vorangehenden Abschnitte dieses Buches beschäftigen sich mit den unterschiedlichen Aspekten eines QM-Systems in Prüflaboratorien. Auf letztere beziehen sich auch die Anforderungen der EN 45001 und des ISO Guide 25. In der Praxis gibt es aber eine große Zahl von Einrichtungen, in deren Labors zwar auch Prüfungen durchgeführt werden, die sich aber in großem Umfang mit Forschungs- und Entwicklungsaktivitäten beschäftigen oder mit der Ausbildung von wissenschaftlichem Nachwuchs. Gemeint sind hier in erster Linie die Labors in Großforschungseinrichtungen, Hochschulen und in der Industrie.

Die QM-Initiative der letzten Jahre in praktisch allen Wirtschaftsbereichen hat inzwischen auch zahlreiche Industrielabors erreicht. Im Rahmen von Zertifizierungsverfahren von Unternehmen nach ISO 9000 sind natürlich auch die Betriebslabors mit erfaßt. Die Zertifizierung eines Unternehmens einschließlich seiner Labors stellt jedoch an die Labors keine so tiefgehenden Anforderungen, wie dies eine Akkreditierung des Labors tut. In einigen Branchen ist daher in jüngster Zeit der Trend zu verzeichnen, neben der Zertifizierung des Gesamtunternehmens auch die Akkreditierung wenigstens von Teilen der Betriebs- oder Kon-

zernlabors durchzuführen. Beispiele hierzu sind insbesondere die chemische und die Lebensmittelindustrie, aber auch andere Bereiche, wie etwa Werkstofflabors. Durch die Akkreditierung eines Firmenlabors weist dieses nach außen seine fachliche Kompetenz in ausgewiesenen Prüfbereichen oder für bestimmte Prüfverfahren aus und unterstellt sich der Aufsicht durch eine Akkreditierungsstelle. Die Akkreditierung eines Firmenlabors (Herstellerlabors) muß außerdem die von der EN 45001 geforderte Unabhängigkeit und Unparteilichkeit des Labors sicherstellen. Häufig sind in diesem Zusammenhang organisatorische Änderungen bezüglich der Anordnung des Labors innerhalb einer Herstellerorganisation und eine Neudefinition der fachlichen Weisungsbefugnisse gegenüber dem Laborpersonal und dem Laborleiter gefordert.
In der Praxis sind Akkreditierungen von Firmenlabors besonders dort wertvoll, wo diese Labors Dienstleistungen nach außen an Dritte anbieten wollen, oder wo diese Labors Dienstleistungen innerhalb eines Konzerns für verschiedene Stellen anbieten. Es sei nochmals betont, daß die Akkreditierung eines Firmenlabors keineswegs eine reine Formalität ist und wesentliche Zusatzaussagen über eine ISO 9000 Zertifizierung hinaus macht.

Die in den Kapiteln 2 und 3 dieses Buches gemachten Ausführungen zum QM-System für Prüflaboratorien gemäß EN 45001 dürften ausführlich genug sein, um den Leser mit den allgemeinen Prinzipien und Vorgehensweisen beim Auf- und Ausbau eines QM-Systems vertraut zu machen. Die dort gemachten Ausführungen für ein QM-System nach dem Modell der EN 45001 sind mutatis mutandis auf die Modelle nach der ISO 9000 Reihe übertragbar. Um den Leser nicht zu ermüden, sind die Ausführungen des vorliegenden Kapitels daher sehr kurz gefaßt.

Grundlage für die folgenden Betrachtungen ist die ISO 9000 Reihe und insbesondere die ISO 9001, deren deutscher Titel lautet: "Qualitätsmanagementsysteme - Modell zur Qualitätssicherung/QM-Darlegung in Design, Entwicklung, Produktion, Montage und Wartung".
Die Zielsetzung dieser Norm wird in der ISO 9001 selbst folgendermaßen definiert:
"Diese Internationale Norm legt Forderungen an die Qualitätssicherung/QM-Darlegung für den Fall der Notwendigkeit fest, daß die Fähigkeit eines Lieferanten/Auftragnehmers darzulegen ist, ein Produkt zu entwickeln und zu liefern, das die Qualitätsforderung erfüllt."
In diesem Zusammenhang muß darauf hingewiesen werden, daß die ISO 9001 folgende Definition des Begriffes "Produkt" gibt:
"Produkt: Ergebnis von Tätigkeiten und Prozessen." In Ergänzung dazu heißt es: *"Der Begriff Produkt kann Dienstleistung, Hardware, verfahrenstechnische Produkte, Software oder Kombinationen daraus einschließen. Ein Produkt kann materiell (z. B. Montageergebnisse, verfahrenstechnische Produkte) oder immateriell (z. B. Wissen oder Entwürfe) oder eine Kombination daraus sein."*

Dennoch werden in der Checkliste zu diesem Kapitel Produkte und Dienstleistungen in der Regel gesondert aufgeführt, da dies dem gewöhnlichen Sprachgebrauch und den Gewohnheiten des Lesers entgegenkommen dürfte.

Die ISO 9001 enthält 20 QM-Elemente, die in der Tabelle 5.1-1 wiedergegeben sind. Gleichzeitig ist dort der natürlich unvollkommene Versuch unternommen, die Bedeutung jedes Elementes in knappen Worten zu skizzieren. Der aktuelle und vollständige Umfang an Normen der ISO 9000 Reihe ist im Literaturverzeichnis am Ende des Buches zitiert. Die ISO 9000 Reihe enthält drei Normen, nach denen ein Unternehmen sein QM-System darlegen und auch zertifizieren lassen kann:

ISO 9001: Qualitätsmanagementsysteme - Modell zur Qualitätssicherung/QM-Darlegung in Design, Entwicklung, Produktion, Montage und Wartung

ISO 9002: Qualitätsmanagementsysteme - Modell zur Qualitätssicherung/QM-Darlegung in Produktion, Montage und Wartung

ISO 9003: Qualitätsmanagementsysteme - Modell zur Qualitätssicherung/QM-Darlegung bei der Endprüfung.

Welche dieser Normen herangezogen wird, hängt vom Tätigkeitsspektrum des jeweiligen Unternehmens ab. Für die hier interessierenden Laboratorien kommt praktisch nur die ISO 9001 in Frage, weil nur sie das Element Entwicklung beinhaltet.

Nr.	Bezeichnung des QM-Elementes	Inhalt (gekürzt)
1	Verantwortung der Leitung	Die Geschäftsführung definiert Qualitätspolitik, legt Aufbau- und Ablauforganisation fest, ist für QM-System verantwortlich und bewertet dieses regelmäßig.
2	Qualitätsmanagementsystem	Das Unternehmen baut ein QM-System auf und dokumentiert dieses in angemessener Weise.
3	Vertragsprüfung	Die Vorgehensweisen bei Vertragsprüfungen und nachträglichen Vertragsänderungen sind festzulegen.
4	Designlenkung	Das Unternehmen führt Verfahren zur Lenkung des Produktdesigns ein.
5	Lenkung der Dokumente und Daten	Das Unternehmen führt Verfahren zur Lenkung seiner Dokumente und Daten ein.
6	Beschaffung	Das Unternehmen führt Verfahren mit dem Ziel ein, die Qualitätsfähigkeit seiner Zulieferer zu überprüfen.
7	Lenkung der vom Kunden beigestellten Produkte	Das Unternehmen führt Verfahren über die Verfahrensweise mit beigestellten Produkten ein.
8	Kennzeichnung und Rückverfolgbarkeit von Produkten	Das Unternehmen führt Verfahren zur Kennzeichung und Identifikation von Produkten ein.
9	Prozeßlenkung	Das Unternehmen muß für stabile und beherrschbare Prozesse sorgen.

Tabelle 5.1-1: QM-Elemente der Norm ISO 9001

Nr.	Bezeichnung des QM-Elementes	Inhalt (gekürzt)
10	Prüfungen	Das Unternehmen muß ein System von Prüfungen festlegen und dokumentieren, um die festgelegte Produktqualität zu sichern.
11	Prüfmittelüberwachung	Das Unternehmen muß Verfahren für die Pflege und den Umgang der von ihm eingesetzten Prüfmittel einführen.
12	Prüfstatus	Der Prüfstatus eines Produktes muß erkennbar sein.
13	Lenkung fehlerhafter Produkte	Das Unternehmen muß Verfahren zur Aussonderung fehlerhafter Produkte einführen.
14	Korrektur- und Vorbeugungsmaßnahmen	Das Unternehmen muß Verfahren zur Beseitigung von faktischen und potentiellen Fehlern einführen, soweit dies die Sache fordert.
15	Handhabung, Lagerung, Verpackung, Konservierung und Versand	Das Unternehmen muß Verfahrensanweisungen zur Handhabung, Lagerung, Verpackung, Konservierung und Versand einführen.
16	Lenkung von Qualitätsaufzeichnungen	Das Unternehmen muß Verfahrensanweisungen zur Lenkung, Aufbewahrung usw. der Qualitätsaufzeichnungen einführen.
17	Interne Qualitätsaudits	Das Unternehmen muß interne Qualitätsaudits planen und durchführen.

Tabelle 5.1-1: QM-Elemente der Norm ISO 9001
- Fortsetzung -

Nr.	Bezeichnung des QM-Elementes	Inhalt (gekürzt)
18	Schulung	Das Unternehmen muß systematisch den Schulungsbedarf seiner Mitarbeiter ermitteln und diese entsprechend schulen.
19	Wartung	Wo zutreffend und nötig, muß das Unternehmen Verfahrensanweisungen bezüglich der Wartung der Produkte einführen.
20	Statistische Methoden	Wo zutreffend und nötig, muß das Unternehmen statistische Verfahren einführen.

Tabelle 5.1-1: QM-Elemente der Norm ISO 9001
- Fortsetzung -

Daneben umfaßt die ISO 9000 Reihe diverse Leitfäden und kommentierende Ausführungen, welche das Verständnis der Normenreihe allgemein und bezogen auf bestimmte Branchen erleichtern sollen. Die bereits an anderer Stelle im Text genannte Norm ISO 9000-T3: "Qualitätsmanagement- und Qualitätssicherungsnormen - Leitfaden für die Anwendung von DIN ISO 9001 auf die Entwicklung, Lieferung und Wartung von Software" ist hierfür ein Beispiel.
Für Laboratorien, insofern diese auch Dienstleister sind, kann die Norm ISO 9004-T2: "Qualitätsmanagement und Elemente eines Qualitätssicherungssystems - Leitfaden für Dienstleistungen" lesenswert und anregend sein. Die Tabelle 5.1-2 gibt in stark vereinfachter Form den Inhalt dieses Leitfadens wieder.

Nr.	Bezeichnung	Inhalt (gekürzt)
0	**Einleitung**	Erfolgreiche Anwendung des QM auf Dienstleistungen verschafft verbesserten Leistungsstandard der Dienstleistung, Kundenzufriedenheit, erhöhte Produktivität, Verringerung von Kosten und erhöhte Marktanteile.

Tabelle 5.1-2: Zum Inhalt der ISO 9004-T2

Nr.	Bezeichnung	Inhalt (gekürzt)
1	**Anwendungsbereich**	Die beschriebenen Grundsätze sind auf alle Arten von Dienstleistungen anwendbar. Beispiel: Gastgewerbe, Handel, Kommunikationsdienste, Gesundheitswesen, Finanzwesen, Instandhaltungsdienste, öffentliche Verwaltung usw.
2	**Verweisungen auf andere Normen**	
3	**Begriffe**	Definition wichtiger Begriffe wie: **Qualität:** Die Gesamtheit von Eigenschaften und Merkmalen eines Produktes oder einer Dienstleistung, die sich auf deren Eignung zur Erfüllung festgelegter oder vorausgesetzter Erfordernisse beziehen.
4	**Merkmale zu Dienstleistungen**	
4.1	Dienstleistungsmerkmale und Merkmale des Erbringens der Dienstleistung	Forderungen an eine Dienstleistung müssen in Form von Merkmalen eindeutig festgelegt werden. Die Merkmale müssen vom Kunden bewertet werden können. Beispiele für Merkmale: Wartezeit, Ablaufzeit, Hygiene, Sicherheit, Bequemlichkeit, Kompetenz usw.

Tabelle 5.1-2: Zum Inhalt der ISO 9004-T2
- Fortsetzung -

Nr.	Bezeichnung	Inhalt (gekürzt)
4.2	Lenkung von Dienstleistungsmerkmalen und von Merkmalen des Erbringens der Dienstleistung	Die Lenkung der Dienstleistungsmerkmale kann in der Regel nur durch Lenkung der Prozesse zur Erbringung der Dienstleistung erfolgen. Die Lenkung und Messung der Leistungsfähigkeit von Prozessen ist daher auch bei Dienstleistern von zentraler Bedeutung.
5	**Grundsätze zum Qualitätssicherungssystem**	
5.1	Schlüsselaspekte eines Qualitätssicherungssystems	Als Schlüsselaspekte sind zu nennen: Verantwortung der obersten Leitung, Struktur des Qualitätssicherungssystems, Personal und materielle Mittel.
5.2	Verantwortung der obersten Leitung	Die oberste Leitung ist für die Festlegung einer Qualitätspolitik für Dienstleistungen und zur Erlangung der Kundenzufriedenheit verantwortlich. Die oberste Leitung ist auch für die Festlegung der Qualitätspolitik und der Qualitätsziele verantwortlich. Sie muß außerdem die Befugnisse und Verantwortungen für Qualitätsfragen festlegen und das QM-System regelmäßig bewerten.

Tabelle 5.1-2: Zum Inhalt der ISO 9004-T2
- Fortsetzung -

Nr.	Bezeichnung	Inhalt (gekürzt)
5.3	Personal und Mittel	Die oberste Leitung muß genügend Mittel für das Erreichen der Qualitätsziele bereitstellen und angemessene Maßnahmen zur Schulung, Personalentwicklung und Personalmotivation definieren.
5.4	Struktur des Qualitätssicherungssystems	Die Dienstleistungsorganisation führt ein QM-System ein. Das QM-System sollte vorbeugende Tätigkeiten zur Vermeidung von Fehlern in den Vordergrund stellen. Es werden Verfahren zur Festlegung der Leistungsanforderungen an die Dienstleistungsprozesse eingeführt. Alle QM-Vorgaben und QM-Maßnahmen werden schriftlich dokumentiert. Die Wirksamkeit des QM-Systems wird durch interne Audits geprüft.
5.5	Schnittstelle zum Kunden	Die Dienstleistungsorganisation führt effektive Verfahren zur Kommunikation mit den Kunden ein. Das Personal mit direktem Kundenkontakt ist auf seine Aufgaben besonders vorzubereiten.

Tabelle 5.1-2: Zum Inhalt der ISO 9004-T2
- Fortsetzung -

Nr.	Bezeichnung	Inhalt (gekürzt)
6	**Ablaufelemente eines Qualitätssicherungssystems**	
6.1	Marketingprozeß	Die Verantwortung des Marketings ist es, den Bedarf und die Nachfrage nach einer Dienstleistung zu ermitteln und zu fördern.
6.2	Designprozeß	Die Design-Verantwortungen sind festzulegen. Die Dienstleistungen sind zu spezifizieren. Es ist ein Design-Review durchzuführen. Es ist eine Validierung der Spezifikationen für die Dienstleistung, für das Erbringen der Dienstleistung und für die Qualitätslenkung durchzuführen.
6.3	Prozeß der Erbringung der Dienstleistung	Die Verantwortungen für das Erbringen der Dienstleistungen sind festzulegen. Der Prozeß des Erbringens der Dienstleistung muß auf angemessene Weise und in zweckmäßigen Punkten überwacht werden. Die Beurteilung der Dienstleistungsqualität durch den Kunden ist das endgültige Maß für die Qualität einer Dienstleistung. Korrekturmaßnahmen für fehlerhafte Dienstleistungen. Prüfmittelüberwachung.

Tabelle 5.1-2: Zum Inhalt der ISO 9004-T2
- Fortsetzung -

Nr.	Bezeichnung	Inhalt (gekürzt)
6.4	Analyse und Verbesserung der Dienstleistung	Der Dienstleister führt Verfahren zur systematischen und fortlaufenden Bewertung der erbrachten Dienstleistung ein. Die Analyse der Daten dient der Messung der Erfüllung von Dienstleistungsforderungen. Statistische Methoden werden eingesetzt. Es werden Verfahren zur systematischen Verbesserung von Dienstleistungen eingeführt.

Tabelle 5.1-2: Zum Inhalt der ISO 9004-T2
-Fortsetzung -

Auch die QM-Dokumentation nach der ISO 9001 besteht in der Regel aus einem QM-Handbuch, Verfahrens- und Arbeitsanweisungen. Die diesbezüglichen Ausführungen aus Abschnitt 2.2 gelten analog.
Im Gegensatz zur EN 45001 weist die ISO 9001 eine klare Gliederung in den schon genannten 20 QM-Elementen auf. In der Praxis wird meist diese Einteilung als Gliederungsgrundlage für die QM-Dokumentation übernommen. Das QM-Handbuch hat dann 20 Kapitel, in denen jeweils mindestens die von der ISO 9001 geforderten Regelungen, Abläufe und Definitionen der Zuständigkeiten beschrieben und die detaillierteren Verfahrensanweisungen referenziert werden. Es soll aber betont werden, daß ein solcher standardisierter 20-Punkte-Aufbau der QM-Dokumentation nicht zwingend ist und auch nicht immer vorteilhaft ist.
Gerade für Dienstleistungsunternehmen bietet sich häufig eher eine Darlegung an, die sich direkt an den im Unternehmen bereits eingeführten Abläufen und Prozessen orientiert. Man sollte genügend Zeit und Sorgfalt aufwenden, um hier die optimale Lösung und Darstellung für das Unternehmen oder einen Geschäftsbereich zu finden. Oberstes Ziel ist es, daß das etablierte QM-System wirkungsvoll und möglichst leicht handhabbar ist.
Für den Auditor ist es freilich hilfreich, wenn er etwa mittels einer Verweismatrix eine Orientierung bekommt, wo in der QM-Dokumentation welche Anforderungen etwa der ISO 9001 abgehandelt und geregelt sind.

Viele Laboratorien arbeiten in der Praxis in Netzwerken von Zulieferer-Abnehmer-Beziehungen. Man denke etwa an ein Institut einer Großforschungseinrichtung mit Auftraggebern aus der Industrie und mit Kooperationspartnern aus Hochschulen und in anderen Großforschungseinrichtungen. Solche Netzwerke sind nur dann wirkungsvoll und effizient, wenn sie nach möglichst allgemein anerkannten Standards des Qualitätsmanagements organisiert sind und arbeiten. Nur

sie ermöglichen die Vermeidung von Reibungsverlusten durch schlechte Koordinierung oder Verständigung oder mangelhafte Definition der Arbeitsweise und der Zuständigkeiten. Die ISO 9000 Reihe bietet ein sehr gutes Mittel in solche Geflechte "eine gemeinsame Linie und Sprache" hineinzubringen.
Wenn daher auch die EN 45001 ein sehr brauchbarer und akzeptierter Standard für die Arbeitsweise von Prüflaboratorien ist, so bietet die ISO 9000 Reihe darüber hinaus ein wirkungsvolles Instrumentarium zur systematischen Ordnung und Regelung von weitergehenden Aspekten. Es ist daher sicher kein Zufall, wenn zum Beispiel in jüngster Zeit größere Laborketten neben einer Akkreditierung ihrer Prüflabors auch eine Zertifizierung als Gesamtsystem anstreben.

Mit Hinblick auf die relativ ausführliche Diskussion in den Kapiteln 2 und 3 ist es an dieser Stelle nicht notwendig, die Module der ISO 9001 in gleicher Breite zu besprechen. Der Leser sollte vielmehr mit den oben zitierten Normen keine Probleme haben, sein QM-System analog aufzubauen, bzw. zu erweitern. Die Checkliste zur ISO 9001 am Ende dieses Kapitels kann ihm dabei helfen, etwa eine Bestandsaufnahme seines existierenden Systems durchzuführen.

An dieser Stelle scheint es aber sinnvoll, auf einen speziellen Punkt gesondert hinzuweisen, da dieser in der Praxis anfänglich häufig vernachlässigt wird. Prüfungen im technischen Sinn spielen naturgemäß in Laboratorien eine zentrale Rolle. Im Abschnitt 2.6 wurde hierauf im Rahmen der EN 45001 eingegangen. Auch die ISO 9001 spricht in den QM-Elementen 10 und 11 von Prüfungen und Prüfmitteln. Damit sind natürlich ebenfalls wieder die Prüf- und Meßmittel im technischen Sinne zu verstehen, ganz analog zur EN 45001. Jedoch nicht nur in diesem Sinne. Für Dienstleister muß die ISO 9001 und ihre Anforderungen - etwa unter Zuhilfenahme der ISO 9004-T2 - adäquat für die speziellen Anforderungen von Dienstleistern interpretiert werden. Dies bedeutet, daß dann unter Prüfmitteln nicht allein Thermometer, Chromatographen usw. zu verstehen sind, sondern auch Checklisten und Formblätter zur Prozeßüberwachung.
Ein Beispiel aus einer ganz anderen Branche soll dies deutlich machen. Wenn das Reinigungspersonal in einem Hotel die Anweisung hat, stündlich die Sauberkeit der Waschräume zu überprüfen und als Nachweis dafür, ein bestimmtes Formblatt auszufüllen, so ist dieses Formblatt im Sinne der ISO 9001 als Prüfmittel zur Prozeßüberwachung zu interpretieren. Für diese und andere Checklisten muß eine ordentliche Verwaltung existieren und es müssen Zuständigkeiten für die Herausgabe, Aktualisierung usw. geregelt sein. Der Leser wird vielleicht über dieses Beispiel schmunzeln, aber es illustriert die Philosophie und es gibt bedeutendere Beispiele, die dem Leser nun sicher selbst einfallen.

Die ISO 9000 Reihe ist die derzeit umfangreichste Normenreihe für QM-Systeme. Verstreut gibt es aber eine Reihe von nationalen Normen, deren Berücksichtigung unter Umständen für das hier in Rede stehende Thema des QM in Forschungslaboratorien sinnvoll und inspirierend sein kann. Exemplarisch sei hier auf die niederländische Norm NEN 3417 vom Februar 1992 verwiesen:

"Kwaliteitsborging - Aanvullende eisen op NEN-EN 45001 voor onderzoekslaboratoria" (Qualitätssicherung - Ergänzende Anforderungen zur NEN-EN 45001 für Forschungslaboratorien).
Diese Norm definiert relativ ausführliche Vorgaben bezüglich der Organisation und Arbeitsweise eines Forschungslabors, in Ergänzung zu den Anforderungen der EN 45001. Diese Anforderungen der NEN 3417 sind zwar implizit auch in der ISO 9001 bei deren sachgemäßer Anwendung auf Forschungslabors enthalten, sie sollen dennoch im folgenden zur weiteren Illustration kurz skizziert werden.

Organisation und Personal

Für jedes Forschungsprojekt muß ein Forschungsleiter und dessen Stellvertreter ernannt werden. Es muß formell im Labor festgelegt sein, welche Mitarbeiter für welche Forschungsgebiete die Verantwortlichkeiten und Befugnisse eines Forschungsleiters ausfüllen dürfen.
Die Aufgaben, Verantwortlichkeiten und Befugnisse der Forschungsleiter müssen eindeutig umschrieben werden. Hierzu gehören zumindest Festlegungen zu folgenden Punkten:

- Genehmigung des Forschungsplanes;
- Änderung des Forschungsplanes;
- Erstellung von Berichten gemäß des Forschungsplanes;
- Dokumentation und Archivierung.

Es muß festgelegt werden, wer im Labor zur Freigabe des Forschungsplanes befugt ist und wer für die Maßnahmen des Qualitätsmanagements bei der Ausführung des Forschungsauftrages zuständig ist.

Zugelieferte Güter

Es muß eine Person benannt werden, welche die zugelieferten Produkte überprüft, ob diese mit der bei der Bestellung abgegebenen Spezifikation übereinstimmen. Zugelieferte Produkte dürfen nicht freigegeben werden, bevor nicht sichergestellt wurde, daß sie den an sie gestellten Anforderungen entsprechen.

Verfahrens- und Arbeitsanweisungen

Je nach Art des Labors müssen Verfahrens- und Arbeitsanweisungen zu mindestens folgenden Themen vorhanden sein:

- Erstellung und Genehmigung des Forschungsplanes;
- Ändern des Forschungsplanes;

- Kontrolle von zugelieferten Produkten und Dienstleistungen;
- Entnahme von Proben.

Durch die Verfahren zur Erstellung, Genehmigung und Änderung von Forschungsplänen muß explizit sichergestellt sein, daß Übereinstimmung besteht mit den Anforderungen der Auftraggeber.

Beurteilung des Forschungsauftrages

Das Forschungslabor muß Verfahren einführen und aufrechterhalten zur Beurteilung von Forschungsaufträgen, um sicherzustellen, daß:

- das Forschungslabor in der Lage ist, die Forschung durchzuführen;
- die Forschung eindeutig, auf die richtige Weise definiert und schriftlich dokumentiert wird.

Durchführung der Forschung

Die Forschung muß auf der Grundlage eines Forschungsplanes erfolgen, der vor Beginn der Forschung festgelegt werden und auf einem mit dem Auftraggeber abgestimmten Forschungsauftrag beruhen muß. Der Forschungsplan muß mindestens folgende Aspekte umfassen:

- Name und Adresse des Forschungslabors;
- Name und Adresse des Auftraggebers;
- Name des Forschungsleiters;
- Art und Ziel der Forschung;
- Art und Identifikation des Forschungsobjektes;
- das erwartete Beginn- und Enddatum der Forschung,
- den Zeitpunkt, zu dem der Forschungsplan genehmigt wurde;
- die Arbeitsweisen;
- die Ergebnisse und Materialien, die aufbewahrt werden sollen.

Je nach Art der Forschungsarbeiten kommen zu diesen Aspekten noch folgende hinzu:

- Angaben zur zu überprüfenden Hypothese;
- Festlegungen darüber, welche Einrichtungen welchen Teil der Forschung übernehmen sollen;
- Art und Bezeichnung der Forschungsmittel;
- Beschreibung der Probenahme und Probenbehandlung;
- Angaben der angewandten statistischen Verfahren;

- Einteilung der Forschungsaufgaben in Phasen, der pro Phase durchzuführenden (spezifischen) Maßnahmen, Bezeichnung der Resultate in jeder Phase und Verfahren und Kriterien zur Beurteilung der Resultate;
- angewandte Methoden und Techniken;
- Organisation der Forschung und Zusammenarbeit mit den Auftraggebern.

Der Forschungsplan muß mit einer Kennzeichnung versehen werden, die auch für alle Bestandteile und Arbeiten im Rahmen der Forschung aufrecht gehalten werden muß (Zuordenbarkeit der Arbeiten).

Die Forschungsarbeit muß mit einem Abschlußbericht abgeschlossen werden. Die gemachten Aussagen und Schlußfolgerungen müssen relevant für die durchgeführte Arbeit sein und dürfen nicht weiter reichen, als aufgrund der Forschungsergebnisse zu verantworten ist.

Aufzeichnungen

Die gesamte Dokumentation zu einem Forschungsauftrag muß über einen festgelegten Zeitraum aufbewahrt werden. Die Dokumentation muß mindestens umfassen:

- Forschungsauftrag, entsprechend der schriftlichen Einigung mit dem Auftraggeber;
- Forschungsplan;
- Forschungsdossiers;
- Forschungsbericht;
- Beurteilungen der Durchführung der Forschung.

Checkliste nach ISO 9001

Bemerkung:

Die Spalte "B" in der folgenden Checkliste kann dazu verwendet werden, eine Bewertung nach Punkten des jeweiligen QM-Elementes vorzunehmen.

1 = erfüllt
2 = nur teilweise erfüllt, aber noch akzeptabel
3 = zwar teilweise erfült, aber nicht akzeptabel
4 = nicht erfüllt

H. Kohl, Qualitätsmanagement im Labor

ISBN 3-540-58100-6

Nr.	Fragen zum QM-System	Bemerkungen	B
1	**Verantwortung der Leitung**		
1.1	**Qualitätspolitik**		
1.1-1	Gibt es eine von der obersten Leitung der Einrichtung in Kraft gesetzte und verbindliche Qualitätspolitik für die Einrichtung?		
1.1-2	Ist diese Qualitätspolitik relevant und angemessen mit Hinblick auf die Ziele der Einrichtung und bezüglich der Erwartungen der Kunden?		
1.1-3	Wird sichergestellt, daß die Qualitätspolitik auf allen Ebenen der Einrichtung bekannt ist und verwirklicht ist?		
1.2	**Organisation**		
1.2-1	Liegt ein Organisationsschema für die Einrichtung vor?		
1.2-2	Sind im Organisationsschema alle Stellen enthalten, welche die Qualität der zu erbringenden Dienstleistungen beeinflussen?		
1.2-3	Sind alle Stelleninhaber der Organisationseinheiten der Einrichtung offiziell benannt?		
1.2-4	Sind die Verantwortlichkeiten und Kompetenzen der Führungskräfte festgelegt?		

H. Kohl, Qualitätsmanagement im Labor

ISBN 3-540-58100-6

Nr.	Fragen zum QM-System	Bemerkungen	B
1.2-5	Sind die Personen definiert und benannt, welche die Befugnis und Pflicht haben, Vorbeugungsmaßnahmen zur Vermeidung von möglichen Fehlern und Korrekturmaßnahmen bei eingetretenen Fehlern bei Dienstleistungen, Prozessen oder beim QM-System durchzuführen oder zu veranlassen?		
1.2-6	Sind die festgelegten Zuständigkeiten und Verantwortlichkeiten angemessen für eine ordentliche und effektive Erbringung der Dienstleistungen?		
1.2-7	Ermittelt die Einrichtung erforderliche Mittel und Personal und stellt sie diese zur Aufrechterhaltung eines angemessenen QM-Systems bereit für leitende, prüfende und ausführende Tätigkeiten?		
1.2-8	Gibt es in der Einrichtung einen Beauftragten der obersten Leitung, der die Anwendung der Anforderungen der ISO 9001 überwacht und der obersten Leitung der Einrichtung Daten über die Wirksamkeit des QM-Systems liefert?		
1.2-9	Ist der QM-Beauftragte der Einrichtung direkt der obersten Leitung verantwortlich?		
1.3	**QM-Bewertung**		
1.3-1	Wird das QM-System der Einrichtung regelmäßig durch die oberste Leitung auf seine Eignung und Wirksamkeit geprüft?		

H. Kohl, Qualitätsmanagement im Labor

ISBN 3-540-58100-6

Nr.	Fragen zum QM-System	Bemerkungen	B
1.3-2	Wird im Rahmen der QM-Bewertungen die Konformität des QM-Systems mit der ISO 9001 und den selbst gesetzten Zielen und der QM-Politik geprüft?		
1.3-3	Sind die zeitlichen Abstände der QM-Bewertungen festgelegt und angemessen?		
1.3-4	Werden die Ergebnisse der QM-Bewertungen aufgezeichnet und dokumentiert?		

H. Kohl, Qualitätsmanagement im Labor

ISBN 3-540-58100-6

Nr.	Fragen zum QM-System	Bemerkungen	B
2	**Qualitätsmanagementsystem**		
2.1	**Allgemeines**		
2.1-1	Hat die Einrichtung ein QM-System eingeführt, dokumentiert und hält sie dieses aufrecht?		
2.1-2	Ist das QM-System der Einrichtung in einem QM-Handbuch und in Verfahrensanweisungen dokumentiert?		
2.1-3	Sind im QM-Handbuch der Einrichtung alle relevanten Elemente des QM-Systems nach ISO 9001 beschrieben?		
2.1-4	Wurde das QM-Handbuch von der Leitung der Einrichtung in Kraft gesetzt?		
2.2	**QM-Verfahrensanweisungen**		
2.2-1	Liegen schriftliche Verfahrens-, Arbeits- und Prüfanweisungen vor und sind diese in das QM-System der Einrichtung eingebunden?		
2.2-2	Sind diese Anweisungen konform mit den Anforderungen der ISO 9001 sowie der Qualitätspolitik, den Zielen der Einrichtung und den Anforderungen der Auftraggeber?		
2.2-3	Ist der Geltungsbereich des QM-Systems und der QM-Dokumentation bezogen auf die Organisationseinheiten, Standorte und Dienstleistungen der Einrichtungen festgelegt?		

H. Kohl, Qualitätsmanagement im Labor

ISBN 3-540-58100-6

Nr.	Fragen zum QM-System	Bemerkungen	B
2.2-4	Hat die Einrichtung zur Darstellung und Festlegung bestimmter Arbeitsabläufe Arbeitsanweisungen eingeführt?		
2.2-5	Tragen das QM-Handbuch, die Verfahrens- und die Arbeitsanweisungen • Ausgabedatum, • Ausgabenummer und • Revisionsstand?		
2.3	**Qualitätsplanung zum QM-System**		
2.3-1	Legt die Einrichtung fest und dokumentiert sie, wie sie die Qualitätsforderungen an ihre Produkte und Dienstleistungen erfüllen will (Qualitätsplanung)?		
2.3-2	Umfaßt die Qualitätsplanung folgende Aspekte: • QM-Pläne; • Festlegung und Bereitstellung von Lenkungsmaßnahmen, Prozessen, Einrichtungen, Vorrichtungen, Mitteln und Fertigkeiten zur Erfüllung von Qualitätsforderungen; • Festlegungen zur Prüfung und Bewertung von Produkten und Dienstleistungen;		

H. Kohl, Qualitätsmanagement im Labor

ISBN 3-540-58100-6

Nr.	Fragen zum QM-System	Bemerkungen	B
	• Verifizierung von Produkten und Dienstleistungen an geeigneten Haltepunkten und Schnittstellen; • Klärung von Annahmekriterien bezüglich aller Merkmale und Forderungen an die Produkte und Dienstleistungen (einschließlich subjektiver Elemente); • Festellung und Vorbereitung von Qualitätsaufzeichnungen?		

H. Kohl, Qualitätsmanagement im Labor

ISBN 3-540-58100-6

Nr.	**Fragen zum QM-System**	**Bemerkungen**	**B**
3	**Vertragsprüfung**		
3.1	**Allgemeines**		
3.1-1	Gibt es Verfahrensanweisungen zur Vertragsprüfung?		
3.2	**Prüfung**		
3.2-1	Wird in der Einrichtung eine Überprüfung von Verträgen, Angeboten oder Aufträgen auf Klarheit, Vollständigkeit, Eindeutigkeit und Erfüllbarkeit vorgenommen?		
3.2-2	Sind die beteiligten Stellen und deren Koordinierung festgelegt?		
3.2-3	Werden eventuelle Abweichungen zwischen Angebot und Auftrag vollständig geklärt?		
3.3	**Vertragsänderung**		
3.3-1	Gibt es Verfahrensanweisungen, wie bei Vertragsänderungen zu verfahren ist?		
3.3-2	Werden Vertragsänderungen vollständig mit allen betroffenen Stellen abgestimmt?		
3.4	**Aufzeichnungen**		
3.4-1	Werden Vertragsprüfungen vollständig dokumentiert und aufbewahrt?		

H. Kohl, Qualitätsmanagement im Labor

ISBN 3-540-58100-6

Nr.	Fragen zum QM-System	Bemerkungen	B
4	**Designlenkung**		
4.1	**Allgemeines**		
4.1-1	Verfügt die Einrichtung über Verfahrensanweisungen zur Lenkung und Verifizierung des Designs von Produkten oder Dienstleistungen?		
4.1-2	Werden diese Verfahrensanweisungen zur Sicherung der Qualitätsforderungen regelmäßig angewandt?		
4.2	**Design- und Entwicklungsplanung**		
4.2-1	Erstellt die Einrichtung Pläne für jede durchzuführende Design- und Entwicklungstätigkeit?		
4.2-2	Enthalten diese Pläne eine Beschreibung der Design- und Entwicklungstätigkeiten und legen sie die Verantwortungen für ihre Umsetzung fest?		
4.2-3	Werden Design- und Entwicklungstätigkeiten von qualifiziertem Personal mit angemessener Mittelausstattung durchgeführt?		
4.2-4	Werden Design- und Entwicklungpläne entsprechend dem Design-Fortschritt aktualisiert?		

H. Kohl, Qualitätsmanagement im Labor

ISBN 3-540-58100-6

Nr.	Fragen zum QM-System	Bemerkungen	B
4.3	**Organisatorische und technische Schnittstellen**		
4.3-1	Werden für alle am Designprozeß beteiligten Gruppen die organisatorischen und technischen Schnittstellen festgelegt?		
4.3-2	Ist ein ordnungsgemäßer Informationsfluß zwischen den beteiligten Gruppen sichergestellt und wird er eingehalten?		
4.3-2	Sind die Anforderungen für Design- und Entwicklungstätigkeiten, die von externen Stellen durchgeführt werden, festgelegt und werden sie erfüllt?		
4.4	**Designvorgaben**		
4.4-1	Werden alle Anforderungen (auch gesetzliche, behördliche usw.) an die zu entwickelnden Produkte / Dienstleistungen, sofern sie als Designvorgaben dienen, festgestellt und dokumentiert?		
4.4-2	Wird die Summe der Designvorgaben auf Angemessenheit, Klarheit, Widerspruchfreiheit usw. geprüft?		
4.4-3	Werden nicht erfüllbare oder unklare Designvorgaben mit den betroffenen Stellen geklärt?		
4.4-4	Werden die Ergebnisse der Vertragsprüfung bei den Designvorgaben berücksichtigt?		

H. Kohl, Qualitätsmanagement im Labor

ISBN 3-540-58100-6

Nr.	Fragen zum QM-System	Bemerkungen	B
4.5	**Designergebnis**		
4.5-1	Werden die Designergebnisse dokumentiert und so aufbereitet, daß sie bezüglich der Designvorgaben verifiziert und validiert werden können?		
4.5-2	Erfüllt das Designergebnis mindestens folgende Aspekte: • Erfüllung der Forderungen der Designvorgaben; • Darlegung der Annahmekriterien oder Verweis auf diese; • Darlegung derjenigen Designmerkmale, die bezüglich Sicherheit, und einwandfreie Funktion und Handhabung entscheidend sind?		
4.5-3	Werden Designergebnisdokumente vor ihrer Freigabe geprüft?		
4.6	**Design-Prüfung**		
4.6-1	Werden in zweckmäßigen Designphasen formelle und dokumentierte Prüfungen der Designergebnisse geplant und ausgeführt?		
4.6-2	Sind an diesen Prüfungen Vertreter aller Stellen beteiligt, die mit der entsprechenden Designphase befaßt waren und andere zur Prüfung nötige Personen?		

H. Kohl, Qualitätsmanagement im Labor

ISBN 3-540-58100-6

Nr.	Fragen zum QM-System	Bemerkungen	B
4.6-3	Werden über solche Designprüfungen Aufzeichnungen angefertigt und archiviert?		
4.7	**Designverifizierung**		
4.7-1	Werden in zweckmäßigen Designphasen Designverifizierungen durchgeführt, um sicherzustellen, daß die Designergebnisse der betreffenden Phase den Designvorgaben für die entsprechende Phase entsprechen?		
4.7-2	Werden über die Designverifizierungen Aufzeichnungen angefertigt und archiviert?		
4.7-3	Umfassen die Maßnahmen zur Durchführung von Designverifizierungen zum Beispiel folgende Tätigkeiten: • Durchführung alternativer Berechnungen und Versuche; • Vergleich des neuen Designs mit einem ähnlichen bewährten Design, falls ein solches verfügbar ist; • usw.?		

H. Kohl, Qualitätsmanagement im Labor

ISBN 3-540-58100-6

Nr.	Fragen zum QM-System	Bemerkungen	B
4.8	**Designvalidierung**		
4.8-1	Werden im Endstadium der Designarbeiten Designvalidierungen des Endproduktes oder der Dienstleistung unter realistischen Bedingungen durchgeführt?		
4.8-2	Werden über durchgeführte Validierungen Aufzeichnungen angefertigt und archiviert?		
4.9	**Designänderungen**		
4.9-1	Verfügt die Einrichtung über Verfahren für Änderungen während der Design- und Entwicklungsphase?		
4.9-2	Werden geplante Designänderungen geprüft und vor ihrer Umsetzung durch befugtes Personal genehmigt?		

H. Kohl, Qualitätsmanagement im Labor

ISBN 3-540-58100-6

Nr.	Fragen zum QM-System	Bemerkungen	B
5	**Lenkung der Dokumente und Daten**		
5.1	**Allgemeines**		
5.1-1	Verfügt die Einrichtung über Verfahrensanweisungen zur Lenkung (Erstellung, Prüfung, Freigabe, Kennzeichnung, Verteilung, Änderung, Rückziehung und Archivierung) von • systembezogenen, • auftragsbezogenen, • produkt- oder dienstleistungsbezogenen, • übergeordneten und • sonstigen Dokumenten und Daten?		
5.1-2	Umfaßt das eingeführte Verfahren auch die Lenkung von Dokumenten und Daten externer Herkunft (z. B. Kundenzeichnungen, Normen, gesetzliche Vorschriften, Spezifikationen usw.)?		
5.2	**Genehmigung und Herausgabe von Dokumenten und Daten**		
5.2-1	Sind die Zuständigkeiten für die Erstellung, Prüfung, Freigabe, Verteilung usw. von • systembezogenen, • auftrags-, produkt- oder dienstleistungsbezogenen, • sonstigen Dokumenten und Daten geregelt?		

H. Kohl, Qualitätsmanagement im Labor

ISBN 3-540-58100-6

Nr.	Fragen zum QM-System	Bemerkungen	B
5.2-2	Wird sichergestellt, daß der letztgültige Revisionsstand an der richtigen Stelle rechtzeitig zur Verfügung steht für • systembezogene, • auftrags-, produkt- oder dienstleistungsbezogene, • sonstige Dokumente und Daten?		
5.2-3	Sind alle Dokumente eindeutig gekennzeichnet und enthalten sie Angaben zum Revisionsstand, Datum der Inkraftsetzung, Erstellung, Prüfung und Freigabe?		
5.2-4	Sind die Verteiler für • systembezogene, • auftrags-, produkt- oder dienstleistungsbezogene, • sonstige Dokumente und Daten festgelegt?		
5.2-5	Gibt es Verfahren, durch die sichergestellt ist, daß veraltete oder überholte • systembezogene, • auftrags-, produkt- oder dienstleistungsbezogene, • sonstige Dokumente und Daten eingezogen werden?		

H. Kohl, Qualitätsmanagement im Labor

ISBN 3-540-58100-6

Nr.	Fragen zum QM-System	Bemerkungen	B
5.2-6	Werden Verzeichnisse geführt, in denen alle gültigen • systembezogenen, • auftrags-, produkt- oder dienstleistungsbezogenen Dokumente und Daten aufgeführt werden?		
5.2-7	Werden überholte Dokumente und Daten (z. B. aus gesetzlichen oder Nachweisgründen) als solche gekennzeichnet und aufbewahrt?		
5.3	**Änderungen von Dokumenten und Daten**		
5.3-1	Sind die Verfahren zur Abwicklung von Änderungen von Dokumenten und Daten geregelt?		
5.3-2	Können Änderungen von • systembezogenen, • auftrags, produkt- oder dienstleistungsbezogenen, • sonstigen Dokumenten und Daten von anderen Stellen als denen, die die ursprüngliche Erstellung, Prüfung, Freigabe durchgeführt haben, vorgenommen werden?		
5.3-3	Falls 5.3-2 mit ja zu beantworten ist, sind die Verfahren hierfür schriftlich geregelt?		

H. Kohl, Qualitätsmanagement im Labor

ISBN 3-540-58100-6

Nr.	Fragen zum QM-System	Bemerkungen	B
5.3-4	Wird dort, wo dies möglich und zweckmäßig ist, die Art der Änderung in • systembezogenen, • auftrags-, produkt- oder dienstleistungsbezogenen, • sonstigen Dokumenten und Daten ausgewiesen?		

H. Kohl, Qualitätsmanagement im Labor

ISBN 3-540-58100-6

Nr.	Fragen zum QM-System	Bemerkungen	B
6	**Beschaffung**		
6.1	**Allgemeines**		
6.1-1	Hat die Einrichtung Verfahrensanweisungen zur Sicherstellung der festgelegten Qualitätsanforderungen an beschaffte Produkte und Dienstleistungen eingeführt?		
6.2	**Beurteilung von Unterauftragnehmern (Lieferanten)**		
6.2-1	Hat die Einrichtung Verfahren zur Beurteilung und Auswahl von Unterauftragnehmern eingeführt?		
6.2-2	Sind diese Verfahren geeignet und angemessen zur Beurteilung der Eignung und Qualitätsfähigkeit der Unterauftragnehmer?		
6.2-3	Wie werden Unterauftragnehmer beurteilt (z. B. aufgrund von Erstmustern, Qualitätsaudits, früheren Leistungen, Wareneingangsprüfungen usw.)?		
6.2-4	Gibt es Aufzeichnungen über annehmbare und von der Einrichtung akzeptierte Unterauftragnehmer und werden diese Aufzeichnungen aktualisiert?		

H. Kohl, Qualitätsmanagement im Labor

ISBN 3-540-58100-6

Nr.	Fragen zum QM-System	Bemerkungen	B
6.3	**Beschaffungsangaben**		
6.3-1	Hat die Einrichtung Verfahrensanweisungen zur Erstellung, Prüfung und Freigabe von Beschaffungsunterlagen eingeführt?		
6.3-2	Sind die darin festgelegten Abläufe und Zuständigkeiten praktikabel und werden sie eingehalten?		
6.3-3	Sind die Abläufe und Zuständigkeiten zur Festlegung der Anforderungen an zu beschaffende Produkte und Dienstleistungen geregelt und werden sie eingehalten?		
6.3-4	Sind die Beschaffungsunterlagen vollständig und enthalten sie alle notwendigen Spezifikationen und Festlegungen bezüglich der Eigenschaften der zu beschaffenden Produkte und Dienstleistungen?		
6.4	**Prüfung von beschafften Produkten**		
6.4-1	Führt die Einrichtung Prüfungen zugelieferter Produkte oder Dienstleistungen bei den Zulieferern durch?		

H. Kohl, Qualitätsmanagement im Labor

ISBN 3-540-58100-6

Nr.	Fragen zum QM-System	Bemerkungen	B
6.4.2	Gibt es in diesen Fällen festgelegte Verfahrens- und Prüfvereinbarungen und festgelegte Methoden zur Freigabe der Produkte oder Dienstleistungen?		
6.4-3	Gibt es Fälle, in denen die Einrichtung mit ihren Auftraggebern vereinbart, daß diese selbst zugekaufte Produkte oder Dienstleistungen bei den Unterlieferanten überprüfen?		
6.4-4	Ist sichergestellt, daß eine solche Überprüfung durch den Auftraggeber der Einrichtung beim Unterlieferanten von der Einrichtung selbst nicht als Nachweis für eine genügend wirksame Qualitätsüberwachung ausgelegt wird?		
6.4-5	Ist sichergestellt, daß eine solche Überprüfung durch Auftraggeber der Einrichtung, die Einrichtung selbst nicht von ihrer Verantwortung zur Lieferung annehmbarer Produkte oder Dienstleistungen entbindet?		

H. Kohl, Qualitätsmanagement im Labor

ISBN 3-540-58100-6

Nr.	Fragen zum QM-System	Bemerkungen	B
7	**Lenkung der vom Kunden beigestellten Produkte**		
7-1	Hat die Einrichtung Verfahrensanweisungen eingeführt für die Prüfung, Handhabung, Lagerung, Verifizierung, Erhaltung usw. für die von Kunden (Auftraggebern) beigestellten Produkte?		
7-2	Hat die Einrichtung Verfahrensanweisungen eingeführt, wie bei Verlust, Beschädigung oder Unbrauchbarkeit der von Auftraggebern beigestellten Produkte oder Dienstleistungen zu verfahren ist?		

H. Kohl, Qualitätsmanagement im Labor

ISBN 3-540-58100-6

Nr.	Fragen zum QM-System	Bemerkungen	B
8	**Kennzeichnung und Rückverfolgbarkeit von Produkten**		
8-1	Erfolgt dort, wo es zweckmäßig ist, eine Kennzeichnung der hergestellten Produkte und erbrachten Dienstleistungen und nötigenfalls ihrer Teile?		
8-2	Ist das angewandte Kennzeichnungssystem eindeutig und durchgängig durch alle Phasen der Produktherstellung oder Leistungserbringung?		
8-3	Bestehen vertragliche oder gesetzliche Anforderungen zur Kennzeichnung und Rückführbarkeit von Produkten oder Dienstleistungen?		
8-4	Sind die Zuständigkeiten für die Planung und Durchführung der Kennzeichnungen festgelegt?		

H. Kohl, Qualitätsmanagement im Labor

ISBN 3-540-58100-6

Nr.	Fragen zum QM-System	Bemerkungen	B
9	**Prozeßlenkung**		
9-1	Identifiziert und plant die Einrichtung die Produktions-, Montage-, Wartungsprozesse usw., welche die Qualität direkt beeinflussen?		
9-2	Werden Verfahrensanweisungen zur Festlegung der Produktions-, Montage- und Wartungsprozesse eingeführt, wenn das Fehlen solcher Verfahrensanweisungen die Qualität beeinträchtigen würde?		
9-3	Werden von der Einrichtung geeignete Produktions-, Montage- und Wartungseinrichtungen sowie eine geeignete Arbeitsumgebung sichergestellt?		
9-4	Werden einschlägige Normen, Regelwerke, QM-Pläne, Verfahrensanweisungen usw. befolgt?		
9-5	Werden die Prozeßparameter und andere wichtige Merkmale bei der Herstellung, Wartung usw. der Produkte und Dienstleistungen überwacht?		
9-6	Sind die Verfahren für die Prüfung und Freigabe von Herstellungsverfahren, Wartungsverfahren usw. für Produkte und Dienstleistungen geregelt und werden sie eingehalten?		
9-7	Findet eine zweckmäßige und wirkungsvolle Instandhaltung der Produktionsmittel und Produktionsumgebung statt, um eine fortdauernde Prozeßfähigkeit sicherzustellen?		

H. Kohl, Qualitätsmanagement im Labor

ISBN 3-540-58100-6

Nr.	Fragen zum QM-System	Bemerkungen	B
9-8	Ist die Qualifikation des von der Einrichtung zur Prüfung, Herstellung, Wartung usw. der Produkte oder Erbringung der Dienstleistungen eingesetzten Personals hinreichend für die von ihm jeweils zugewiesenen Aufgaben?		
9-9	Werden spezielle Prozesse oder Einrichtungen eingesetzt, die eine besondere Vorab-Qualifikation ihrer Prozeßfähigkeit verlangen und liegen hierüber Aufzeichnungen vor?		

H. Kohl, Qualitätsmanagement im Labor

ISBN 3-540-58100-6

Nr.	Fragen zum QM-System	Bemerkungen	B
10	**Prüfungen**		
10.1	**Allgemeines**		
10.1-1	Verfügt die Einrichtung über Verfahrensanweisungen für Prüftätigkeiten zur Sicherung festgelegter Qualitätsforderungen an Produkten und Dienstleistungen?		
10.1-2	Werden die durchzuführenden Prüfungen an Produkten und Dienstleistungen in QM-Plänen oder in Verfahrensanweisungen (Prüfanweisungen) festgelegt?		
10.1-3	Werden über durchgeführte Prüfungen Aufzeichnungen geführt?		
10.2	**Eingangsprüfung**		
10.2-1	Stellt die Einrichtung sicher, daß zugelieferte Produkte oder Dienstleistungen nicht verarbeitet oder verwendet werden, bevor ihre Konformität mit den Qualitätsanforderungen erwiesen und die Produkte/Dienstleistungen freigegeben wurden? (Ausnahme s. 10.2-3)		
10.2-2	Berücksichtigt die Festlegung von Art und Umfang der Eingangsprüfungen die Überwachungen beim Lieferanten oder andere Konformitätsnachweise?		

H. Kohl, Qualitätsmanagement im Labor
© Springer-Verlag Berlin Heidelberg 1996
ISBN 3-540-58100-6

Nr.	Fragen zum QM-System	Bemerkungen	B
10.2-3	Werden in den Fällen, wo zugelieferte Produkte/Dienstleistungen aus Gründen der Dringlichkeit vor ihrer Verifizierung freigegeben wurden, diese eindeutig gekennzeichnet, um im Falle der Nichterfüllung festgelegter Forderungen einen Rückruf/Ersatz zu ermöglichen (widerrufbare Freigabe)?		
10.3	**Zwischenprüfung**		
10.3-1	Verfügt die Einrichtung über QM-Pläne oder Verfahrensanweisungen zur Festlegung von Zwischenprüfungen an Produkten oder Dienstleistungen und werden diese angewandt?		
10.3-2	Werden Aufzeichnungen über die durchgeführten Zwischenprüfungen angefertigt und archiviert?		
10.4	**Endprüfung**		
10.4-1	Verfügt die Einrichtung über QM-Pläne oder Verfahrensanweisungen zur Festlegung von Endprüfungen, die als Nachweis gelten, daß Produkte oder Dienstleistungen vorgegebene Qualitätsforderungen erfüllen?		
10.4-2	Legen QM-Pläne oder Verfahrensanweisungen zur Endprüfung fest, daß alle vor der Endprüfung vorgesehenen Prüfungen abgeschlossen und die jeweils zutreffenden Qualitätsforderungen erfüllt sein müssen?		

H. Kohl, Qualitätsmanagement im Labor

ISBN 3-540-58100-6

Nr.	Fragen zum QM-System	Bemerkungen	B
10.4-3	Ist sichergestellt, daß ein Produkt oder eine Dienstleistung nicht freigegeben werden, bevor nicht alle in QM-Plänen oder in Verfahrensanweisungen vorgegebenen Tätigkeiten zufriedenstellend abgeschlossen sind?		
10.4-4	Sind die personellen Zuständigkeiten für die Durchführung von Endprüfungen und für die Freigabe von Produkten oder Dienstleistungen geregelt und werden sie befolgt?		
10.4-5	Werden über durchgeführte Endprüfungen Aufzeichnungen angefertigt und archiviert?		
10.5	**Prüfaufzeichnungen**		
10.5.1	Verfügt die Einrichtung über Verfahren, die festlegen, wie und welche Prüfergebnisse zu dokumentieren sind, wie die Aufzeichnungen zu archivieren sind und werden diese Verfahren befolgt?		
10.5.2	Geht aus den Prüfaufzeichnungen hervor, ob ein Produkt oder eine Dienstleistung die festgelegten Annahmekriterien bestanden hat?		
10.5.3	Ist aus den Prüfaufzeichnungen ersichtlich, wer die für die Produktfreigabe verantwortliche Prüfstelle/Person ist?		

H. Kohl, Qualitätsmanagement im Labor

ISBN 3-540-58100-6

Nr.	Fragen zum QM-System	Bemerkungen	B
11	**Prüfmittelüberwachung**		
11.1	**Allgemeines**		
11.1-1	Verfügt die Einrichtung über Verfahrensanweisungen zur • Handhabung, • Kalibrierung, • Überwachung usw. der eingesetzten Prüf- und Meßmittel?		
11.1-2	Verfügt die Einrichtung über Verfahren zur Beurteilung der Eignung der Prüf- und Meßmittel für bestimmte Zwecke, einschließlich der Beurteilung ihrer Genauigkeit?		
11.1-3	Werden neue Prüf- und Meßmittel vor ihrem ersten Einsatz geprüft und freigegeben?		
11.1-4	Werden Instandgesetzte Prüfmittel vor ihrer Wiederverwendung geprüft und freigegeben?		
11.1-5	Sind hierfür Freigabekriterien für Prüf- und Meßmittel festgelegt?		
11.1-6	Verfügt die Einrichtung über eine Verwaltung ihrer Prüf- und Meßmittel, die auch Aufzeichnungen über die Prüf- und Meßmittel und personelle Zuständigkeiten für die Verwaltung umfaßt?		

H. Kohl, Qualitätsmanagement im Labor

ISBN 3-540-58100-6

Nr.	Fragen zum QM-System	Bemerkungen	B
11.2	**Überwachungsverfahren**		
11.2-1	Verfügt die Einrichtung über Verfahren zur Überwachung und Kalibrierung der Prüfmittel?		
11.2-2	Setzt die Einrichtung zertifizierte oder sonstige Referenzstandards ein?		
11.2-3	Kann die Einrichtung Prüfungen oder Meßwerte auf nationale oder internationale Standards zurückführen?		
11.2-4	Wendet die Einrichtung dort, wo dies möglich und sinnvoll ist, eine statistische Überwachung der Prüfmittel an (z. B. mittels Regelkarten)?		
11.2-5	Wird bei Prüfungen, Kalibrierungen usw. für ordnungsgemäße Umgebungsbedingungen Sorge getragen?		
11.2-6	Wendet die Einrichtung Verfahren zur Erstellung, Beschaffung, Handhabung, Validierung usw. von Prüfsoftware an?		
11.2-7	Berücksichtigt die Einrichtung die internationalen Normen ISO 10012: "Forderungen an die Qualitätssicherung für Meßmittel" und EN 45001: "Allgemeine Kriterien zum Betreiben von Prüflaboratorien"?		

H. Kohl, Qualitätsmanagement im Labor

ISBN 3-540-58100-6

Nr.	Fragen zum QM-System	Bemerkungen	B
12	**Prüfstatus**		
12-1	Wendet die Einrichtung geeignete Verfahren zur Kennzeichnung des Prüfstatus der Produkte oder Dienstleistungen an?		
12-2	Ist aus den angewandten Kennzeichnungsverfahren eindeutig die Konformität oder Nichtkonformität eines Produktes oder einer Dienstleistung mit den Qualitätsanforderungen ersichtlich?		
12-3	Werden Kennzeichnungssysteme während der Phasen der Herstellung des Produktes oder der Dienstleistungen - soweit sinnvoll - aufrecht gehalten?		
12-4	Ist aus Protokollen die Freigabe von Produkten oder Dienstleistungen ersichtlich?		
12-5	Sind die Befugnisse für die Kennzeichnungen des Prüfstatus und der Freigabe/Sperrung von Produkten oder Dienstleistungen eindeutig festgelegt?		
12-6	Existieren Regelungen für die Behandlung genehmigter Sonderfreigaben von Produkten oder Dienstleistungen?		

H. Kohl, Qualitätsmanagement im Labor

ISBN 3-540-58100-6

Nr.	Fragen zum QM-System	Bemerkungen	B
13	**Lenkung fehlerhafter Produkte**		
13.1	**Allgemeines**		
13.1-1	Verfügt die Einrichtung über Verfahren zur Lenkung von Produkten und Dienstleistungen, welche die festgelegten Qualitätsforderungen nicht erfüllen?		
13.1-2	Umfaßt die Lenkung fehlerhafter Produkte oder Dienstleistungen folgende Aspekte: • Kennzeichnung, • Dokumentation, • Beurteilung, • Absonderung (wenn durchführbar), • Behandlung fehlerhafter Produkte/Dienstleistungen, • Benachrichtigung betroffener Stellen?		
13.2	**Bewertung und Behandlung fehlerhafter Produkte**		
13.2-1	Sind die Verantwortungen für die Bewertung und die Befugnisse zur Behandlung fehlerhafter Produkte/Dienstleistungen festgelegt?		
13.2-2	Gibt es Verfahrensanweisungen zur Bewertung fehlerhafter Produkte/Dienstleistungen?		

H. Kohl, Qualitätsmanagement im Labor

ISBN 3-540-58100-6

Nr.	Fragen zum QM-System	Bemerkungen	B
13.2-3	Sehen diese Verfahrensanweisungen folgende Alternativen für die Behandlung fehlerhafter Produkte/Dienstleistungen vor: • Nachbearbeitung zur Erfüllung der festgelegten Qualitätsforderungen; • Annahme mit oder ohne Reparatur aufgrund einer Sonderfreigabe; • Neueinstufung für alternative Verwendungen; • Rückweisung oder Verschrottung?		
13.2-4	Ist sichergestellt, daß reparierte oder nachgearbeitete Produkte oder Dienstleistungen Wiederholungsprüfungen unterzogen werden und werden diese aufgezeichnet?		
13.2-5	Gibt es vertragliche Regelungen für eine gegebenenfalls erforderliche Zustimmung des Auftraggebers zur beabsichtigten Verwendung oder Reparatur fehlerhafter Produkte oder Dienstleistungen und wird danach verfahren?		
13.2-6	Werden akzeptierte Fehler und Reparaturen schriftlich erfaßt, um den tatsächlichen Zustand der Produkte oder Dienstleistungen festzuhalten?		

H. Kohl, Qualitätsmanagement im Labor

ISBN 3-540-58100-6

Nr.	Fragen zum QM-System	Bemerkungen	B
14	**Korrektur- und Vorbeugungs-maßnahmen**		
14.1	**Allgemeines**		
14.1-1	Verfügt die Einrichtung über Verfahrens-anweisungen zur Durchführung von Korrektur- und Vorbeugungsmaßnahmen?		
14.1-2	Haben Korrektur- und Vorbeugungsmaßnahmen zur Beseitigung von faktischen oder potentiellen Fehlern ein Ausmaß, das den Fehlern und Risiken entspricht?		
14.1-3	Verwirklicht die Einrichtung die aus Korrektur- und Vorbeugungsmaßnahmen resultierenden Änderungen und setzt sie diese in entsprechende Verfahrensanweisungen um?		
14.2	**Korrekturmaßnahmen**		
14.2-1	Schließen die angewandten Verfahren für Korrekturmaßnahmen mindestens folgende Aspekte ein: • wirksame Behandlung von Kundenbeschwerden und Berichte über Produktfehler; • Untersuchung von Fehlerursachen bezüglich Produkt/Dienstleistung, Prozeß und QM-System sowie Aufzeichnungen über Untersuchungsergebnisse; • Festlegung der zur Beseitigung von Fehlerursachen nötigen Korrekturmaßnahme;		

H. Kohl, Qualitätsmanagement im Labor

ISBN 3-540-58100-6

Nr.	Fragen zum QM-System	Bemerkungen	B
	• Anwendung von Überwachungen, um sicherzustellen, daß eine Korrekturmaßnahme ergriffen wurde und diese wirksam ist?		
14.3	**Vorbeugungsmaßnahmen**		
14.3-1	Schließen die angewandten Verfahren für Vorbeugungsmaßnahmen mindestens folgende Aspekte ein: • Gebrauch geeigneter Informationsquellen wie Prozesse und Arbeitsvorgänge, welche die Produkt- oder Dienstleistungsqualität beeinflussen, Wartungsberichte, Qualitätsaufzeichnungen, Wartungsberichte, Kundenbeschwerden; • Festlegung der erforderlichen Schritte zur Behandlung von Problemen, die Vorbeugungsmaßnahmen erfordern; • Veranlassung von Vorbeugungsmaßnahmen und Überwachung ihrer Wirksamkeit; • Berücksichtigung diesbezüglicher relevanter Informationen im Rahmen von QM-Bewertungen?		

H. Kohl, Qualitätsmanagement im Labor

ISBN 3-540-58100-6

Nr.	Fragen zum QM-System	Bemerkungen	B
15	**Handhabung, Lagerung, Verpackung, Konservierung und Versand**		
15.1	**Allgemeines**		
15.1-1	Hat die Einrichtung Verfahrens-anweisungen für • Handhabung, • Lagerung, • Verpackung, • Konservierung und • Versand eingeführt?		
15.1-2	Sind die Zuständigkeiten für • Handhabung, • Lagerung, • Verpackung, • Konservierung und • Versand geregelt?		
15.2	**Handhabung**		
15.2-1	Verfügt die Einrichtung über Methoden für die Produkthandhabung, um Beschädigungen oder Beeinträchtigungen zu verhindern?		

H. Kohl, Qualitätsmanagement im Labor

ISBN 3-540-58100-6

Nr.	Fragen zum QM-System	Bemerkungen	B
15.3	**Lagerung**		
15.3-1	Verfügt die Einrichtung über angemessene Lagermöglichkeiten oder Lagerräume, in denen eine Beschädigung oder Beeinträchtigung der Produkte ausgeschlossen ist?		
15.3-2	Verfügt die Einrichtung über Verfahrensanweisungen zur Regelung der Abläufe und Befugnisse bei der Annahme oder Herausgabe von Produkten in das oder aus dem Lager?		
15.3-3	Werden gelagerte Produkte in angemessenen Intervallen beurteilt, um Beeinträchtigungen zu entdecken?		
15.4	**Verpackung**		
15.4-1	Regelt und überwacht die Einrichtung die Prozesse des Ein- und Verpackens?		
15.4-2	Werden spezielle Vorgaben an die zu verwendenden Verpackungsmaterialien gemacht?		
15.5	**Konservierung**		
15.5-1	Wendet die Einrichtung angemessene Methoden zur Konservierung und Getrennthaltung der Produkte an, solange sie sich in ihrer Verfügungsgewalt befinden?		

H. Kohl, Qualitätsmanagement im Labor

ISBN 3-540-58100-6

Nr.	Fragen zum QM-System	Bemerkungen	B
15.6	**Versand**		
15.6-1	Sorgt die Einrichtung auch nach der Endprüfung eines Produktes für die Bewahrung von dessen Qualität?		
15.6-2	Sorgt die Einrichtung in den Fällen, wo dies vertraglich bestimmt ist, für den Schutz des Produktes bis zur Auslieferung am Bestimmungsort?		

H. Kohl, Qualitätsmanagement im Labor

ISBN 3-540-58100-6

Nr.	Fragen zum QM-System	Bemerkungen	B
16	**Lenkung von Qualitätsaufzeichnungen**		
16-1	Hat die Einrichtung Verfahrensanweisungen für die Regelung der Kennzeichnung, Sammlung, Registrierung, Zugänglichkeit, Ablage, Aufbewahrung, Pflege und Beseitigung von Qualitätsaufzeichnungen eingeführt?		
16-2	Sind die Zuständigkeiten für alle Bereiche, die Qualitätsaufzeichnungen führen, festgelegt?		
16-3	Wie erfolgt die Zuordnung von Produkt/Dienstleistung und Qualitätsaufzeichnungen?		
16-4	Sind Archivierungsort und Archivierungszeiten für die Qualitäsaufzeichnungen definiert?		
16-5	Gibt es Regelungen für die Beseitigung von Qualitätsaufzeichnungen nach Ablauf der Aufbewahrungszeit?		
16-6	Sind Qualitätsaufzeichnungen von Unterauftragnehmern (Lieferanten) in den Fällen, wo dies sinnvoll oder notwendig ist, Bestandteil der Qualitätsaufzeichnungen?		
16-7	Gewährt in den Fällen, wo dies vertraglich vereinbart ist, die Einrichtung dem Auftraggeber oder seinen Beauftragten Einsicht in die Qualitätsaufzeichnungen?		

H. Kohl, Qualitätsmanagement im Labor

ISBN 3-540-58100-6

Nr.	Fragen zum QM-System	Bemerkungen	B
17	**Interne Qualitätsaudits**		
17-1	Verfügt die Einrichtung über Verfahrensanweisungen zur Planung und Durchführung interner Qualitätsaudits?		
17-2	Sind die Zuständigkeiten zur Durchführung interner Qualitätsaudits festgelegt?		
17-3	Werden die Ergebnisse interner Qualitätsaudits dokumentiert?		
17-4	Werden die Ergebnisse interner Qualitätsaudits den für den auditierten Bereich Verantwortlichen mitgeteilt?		
17-5	Werden interne Qualitätsaudits von Personen durchgeführt, die unabhängig von der direkten Leitung der auditierten Bereiche sind?		
17-6	Leiten die Führungskräfte der auditierten Bereiche nötigenfalls Maßnahmen zur Beseitigung der im Rahmen von internen Audits gefundenen Schwachstellen ein?		
17-7	Wird bei Folgeaudits die Wirksamkeit der durchgeführten Korrekturmaßnahmen geprüft und dokumentiert?		
17-8	Wird bei internen Audits die Norm ISO 10011 (Leitfaden für das Audit von Qualitätssicherungssystemen) berücksichtigt?		

H. Kohl, Qualitätsmanagement im Labor

ISBN 3-540-58100-6

Nr.	Fragen zum QM-System	Bemerkungen	B
18	**Schulung**		
18-1	Hat die Einrichtung Verfahrensanweisungen zur Ermittlung des Schulungsbedarfs des Personals eingeführt?		
18-2	Gibt es Verfahren zur Sicherstellung einer angemessenen Schulung, Ausbildung und/oder Erfahrung des Personals, jeweils bezogen auf die gestellten Anforderungen, Aufgaben und Vorschriften?		
18-3	Werden über die Qualifikation und Weiterbildungsmaßnahmen des Personals zweckentsprechende Aufzeichnungen geführt?		

H. Kohl, Qualitätsmanagement im Labor

ISBN 3-540-58100-6

Nr.	Fragen zum QM-System	Bemerkungen	B
19	**Wartung**		
19-1	Geht die Einrichtung vertragliche oder sonstige Verpflichtungen zur Erbringung von Wartungsleistungen ein?		
19-2	Liegen Verfahrensanweisungen zur Regelung der Abläufe und Zuständigkeiten bezüglich Wartungsaktivitäten vor?		
19-3	Werden durchgeführte Wartungsaktivitäten dokumentiert und ausgewertet?		
19-4	Ist der Erfahrungsrückfluß aus Wartungsaktivitäten geregelt und wird er bei der Entwicklung neuer Produkte oder Dienstleistungen systematisch ausgewertet und berücksichtigt?		

H. Kohl, Qualitätsmanagement im Labor

ISBN 3-540-58100-6

Nr.	Fragen zum QM-System	Bemerkungen	B
20	**Statistische Methoden**		
20.1	**Feststellen des Bedarfs**		
20.1-1	Stellt die Einrichtung den Bedarf für statistische Methoden zur Ermittlung, Überwachung und Prüfung der Merkmale von Produkten und Dienstleistungen und der Fähigkeit der eingesetzten Prozesse fest?		
20.2	**Verfahren**		
20.2-1	Verfügt die Einrichtung über Verfahrensanweisungen zur Anwendung und Überwachung statistischer Methoden?		

H. Kohl, Qualitätsmanagement im Labor

ISBN 3-540-58100-6

Literaturverzeichnis

1. Monographien, Lehrbücher und sonstige fachbezogene Literatur

Arbeitskreis EURACHEM/D (Hrsg.)
Akkreditierung für chemische Laboratorien: Richtlinien zur Interpretation der Normen-Serie EN 45001 und ISO Guide 25
Frankfurt am Main, Gesellschaft Deutscher Chemiker, Juni 1993
Dies ist eine Interpretation der EN 45001 zur Anwendung auf analytische Labors.

Buydens, L. and Kateman, G.
Quality Control in Analytical Chemistry
New York, John Wiley, 1993
Dieses Buch ist ein interessanter und anregender Beitrag zur allgemeinen Theorie des Messens und zum Umgang mit Meßdaten. Die vorgestellten Methoden und Sichtweisen sind aber nicht auf analytische Labors beschränkt, wie der Titel des Buches vermuten läßt.

Christ, G. A., Harston, S. J. und Hembeck, H. W.
GLP - Handbuch für Praktiker
Darmstadt, GIT-Verlag, 1992
Eine praktische Einführung in die Anforderungen der GLP und ihre Umsetzung bei toxikologischen, ökotoxikologischen, kinetischen und anderen Prüfbereichen. Sehr empfehlenswert für Labors, die GLP-relevante Bereiche betreiben.

EAL-G15
Accreditation for Non-Destructive Testing Laboratories
Interpretation of accreditation requirements specified in EN 45001 and ISO/IEC Guide 25

EAL-G16
Accreditation for Sensory Testing Laboratories
Guidance an the Interpretation of the EN 45000 Series of Standards and ISO/IEC Guide 25

EUROLAB
1st EUROLAB SYMPOSIUM
January 28 to 30, 1992 (Strasbourg)
QUALITY MANAGEMENT AND ASSURANCE IN TESTING LABORATORIES
PROCEEDINGS
Volume 1

EUROLAB
2nd EUROLAB SYMPOSIUM
April 25 to 27, 1994 (Florence)
TESTING FOR THE YEARS 2000
PROCEEDINGS
Volume 1, 2

EUROLAB
Workshop on Validation of Testing and Analytical Procedures
September 15th and 16th, 1994
PROCEEDINGS

Graf, Henning, Stange, Wilrich
Formeln und Tabellen der angewandten mathematischen Statistik
Berlin, Springer-Verlag, 1987
Dies ist eine ausgezeichnete und praktisch leicht handhabbare Darstellung der auch im Labor wichtigen statistischen Verfahren. Zum Verständnis genügen brauchbare Kenntnisse in Differential- und Integralrechnung von n Variablen. Das Buch behandelt unter anderem statistische Testverfahren und die im Labor so wichtigen Qualitätsregelkarten.

Günzler, H. (Hrsg.)
Akkreditierung und Qualitätssicherung in der Analytischen Chemie
Berlin, Springer-Verlag, 1994
Eine Sammlung von Aufsätzen mit einem ziemlich weiten Spektrum. Es werden Themen zum europäischen Markt und zur Bedeutung von Zertifizierung und Akkreditierung diskutiert. Für den Praktiker interessanter sind die Beiträge zur Qualitätssicherung in der analytischen Chemie, Probenahme, statistischen Qualitätssicherung, Validierung analytischer Verfahren u. a.. Die Beiträge beziehen sich auf die Problemkreise der analytischen Chemie.

Hansen, W. (Hrsg.)
Zertifizierung und Akkreditierung von Produkten und Leistungen der Wirtschaft
München, Carl Hanser Verlag, 1993
Das Buch gibt eine Übersicht über unterschiedliche Bereiche der Zertifizierung von Produkten und QM-Systemen sowie die Akkreditierung von Prüflabors und Zertifizierungsstellen in Deutschland und im Ausland. Leider ändern sich die Dinge hier so schnell, daß einige Darlegungen nicht mehr aktuell sind.

Hoyland, A. and Rausand, M.
System Reliability Theory - Models and Statistical Methods
New York, John Wiley, 1994
Diese Monographie ist für mathematisch vorgebildete Leser ein Leckerbissen. Es gibt eine sehr gute Darstellung verschiedener Techniken der Zuverlässigkeitstheorie und ist daher auch für Labors zu empfehlen, die komplizierte Konfigurationen und Prüfsysteme betreiben.

Jungnickel, B. J.
Messen und Information in der Experimentalphysik
Mannheim, BI-Wiss.-Verl., 1994
Ein sehr interessanter Beitrag zur allgemeinen Theorie des Messens. Die Ausgangspunkte sind die Informationstheorie und die Nichtgleichgewichtsthermodynamik. Das Buch wendet sich an mathematisch vorgebildete Leser.

Juran, J. M. and Gryna, F. M.
Juran's Quality Control Handbook
New York, McGraw-Hill, 1988
Dies ist eine der "Bibeln" der Qualitätssicherung überhaupt. Das sehr umfangreiche Handbuch schneidet praktisch alle Aspekte der Qualitätssicherung an.

Kay, R.
Managing Creativity in Science and Hi-Tech
Berlin, Springer-Verlag, 1990
Es gibt unzählige Darstellungen zu diesem Thema. Aber diese zeichnet sich dadurch aus, daß sie von einem Praktiker stammt, sehr anregend ist und wirklich umsetzbare Konzepte vorstellt.

Kromidas, S. (Hrsg.)
Qualität im analytischen Labor
Weinheim, VCH, 1995
Dieses Buch hat gewisse Parallelen zu dem oben zitierten Buch von Günzler. Es werden unterschiedliche technische Aspekte der Qualitätssicherung im analytischen Labor diskutiert. Der Leser kann sich hier sicher diverse Anregungen zu Fragen wie Validierung, Referenzmaterialien, Ringversuche usw. holen.

Mark, H.
Principles and Practice of Spectroscopic Calibration
New York, John Wiley, 1991
Diese Monographie gibt eine ziemlich breit angelegte Einführung in das Thema Kalibrierung allgemein und wendet die eingeführten Methoden dann in der Spektroskopie an.

Pichhardt, K.
Qualitätssicherung Lebensmittel
Berlin, Springer-Verlag, 1994
Dieses Buch kann eine gute Ergänzung für lebensmittelanalytische Labors sein. Es behandelt die unterschiedlichen Aspekte der Qualitätssicherung in Lebensmittelbetrieben auch unter Berücksichtigung der ISO 9000.

Picot, A and Grenouillet, P.
Safety in the Chemistry an Biochemistry Laboratory
New York, VCH Publishers, 1995
Das Buch gibt eine gut lesbare Darstellung diverser Risikobereiche in analytischen und biochemischen Labors.

Ratliff, T. A.
The Laboratory Quality Assurance System
New York, Van Nostrand Reinhold, 1990
Dieses Buch ist von seiner Anlage her dem hier vorliegenden sehr verwandt. Es ist für den amerikanischen Markt gedacht und geht nicht auf die europäischen QM-Standards ein.

Sietz, M. (Hrsg.)
Umweltbetriebsprüfung und Öko-Auditing
Berlin, Springer-Verlag, 1994
Dieses und das folgende Buch des Herausgebers Sietz sind eigentlich Darstellungen der Öko-Audit-Verordnung und damit zusammenhängender Themen. Auch Labors sollten sich mit dem Aufbau eines Umweltmanagementsystems beschäftigen. Andererseits werden die Labors zunehmend in Arbeiten im Kontext der Öko-Audit-Verordnung eingebunden werden. Diese Sammlung von Beiträgen gibt eine gute Möglichkeit zur Einarbeitung in das Thema.

Sietz, M. und Saldern, A. von (Hrsg.)
Umweltschutz-Management und Öko-Auditing
Berlin, Springer-Verlag, 1993

Singer, D. C. and Upton, R. P.
Guidelines for Laboratory Quality Auditing
New York, Marcel Dekker, 1993
Dieses Buch ist für den amerikanischen Markt gedacht. Es enthält eine zu knappe Darstellung der Module eines QM-Systems in Labors. Der weitaus überwiegende Teil des Textes ist ein Abdruck verschiedener Standards und Vorschriften für Labors von US-Stellen (FDA, EPA, HCFA) sowie der GLP. Das Buch kann für Labors interessant sein, die direkt oder indirekt für den amerikanischen Markt arbeiten.

2. Normen (Auswahl)

DIN 55350-11	Begriffe zu Qualitätsmanagement und Statistik - Grundbegriffe des Qualitätsmanagements
DIN 55350-12	Begriffe der Qualitätssicherung und Statistik - Merkmalsbezogene Begriffe
DIN 55350-13	Begriffe der Qualitätssicherung und Statistik - Begriffe zur Genauigkeit von Ermittlungsverfahren und Ermittlungsergebnissen
DIN 55350-14	Begriffe der Qualitätssicherung und Statistik - Begriffe der Probenahme
DIN 55350-15	Begriffe der Qualitätssicherung und Statistik - Begriffe zu Mustern
DIN 55350-17	Begriffe der Qualitätssicherung und Statistik - Begriffe der Qualitätsprüfarten
DIN 55350-21	Begriffe der Qualitätssicherung und Statistik - Begriffe der Statistik - Zufallsgrößen und Wahrscheinlichkeitsverteilungen
DIN 55350-22	Begriffe der Qualitätssicherung und Statistik - Begriffe der Statistik - Spezielle Wahrscheinlichkeitsverteilungen
DIN 55350-23	Begriffe der Qualitätssicherung und Statistik - Begriffe der Statistik - Beschreibende Statistik
DIN 55350-24	Begriffe der Qualitätssicherung und Statistik - Begriffe der Statistik - Schließende Statistik
DIN 55350-31	Begriffe der Qualitätssicherung und Statistik - Begriffe der Annahmestichprobenprüfung
DIN 55350-33	Begriffe der Qualitätssicherung und Statistik - Begriffe der statistischen Prozeßlenkung (SPC)
DIN 55350-34	Begriffe der Qualitätssicherung und Statistik - Erkennungsgrenze, Erfassungsgrenze und Erfassungsvermögen
DIN EN ISO 9000-1	Normen zum Qualitätsmanagement und zur Qualitätssicherung/QM-Darlegung - Teil 1: Leitfaden zur Auswahl und Anwendung, (ISO 9000-1 : 1994), Dreisprachige Fassung EN ISO 9000-1 : 1994
E DIN ISO 9000-2	Qualitätsmanagement- und Qualitätssicherungsnormen - Allgemeiner Leitfaden zur Anwendung von ISO 9001, ISO 9002 und ISO 9003
DIN ISO 9000-3	Qualitätsmanagement- und Qualitätssicherungsnormen - Leitfaden für die Anwendung von DIN ISO 9001 auf die Entwicklung, Lieferung und Wartung von Software
DIN ISO 9000-4	Normen zum Qualitätsmanagement und zur Darlegung von Qualitätsmanagementsystemen - Leitfaden zum Management von Zuverlässigkeitsprogrammen
DIN EN ISO 9001	Qualitätsmangementsysteme - Modell zur Qualitätssicherung/QM-Darlegung in Design, Entwicklung, Produktion, Montage und Wartung
DIN EN ISO 9002	Qualitätsmanagementsysteme - Modell zur Qualitätssicherung/QM-Darlegung in Produktion, Montage und Wartung (ISO 9002), Dreisprachige Fassung EN ISO 9002 : 1994

DIN EN ISO 9003	Qualitätsmanagementsysteme - Modell zur Qualitätssicherung/QM-Darlegung bei der Endprüfung, (ISO 9003 : 1994), Dreisprachige Fassung EN ISO 9003 : 1994
DIN EN ISO 9004-1	Qualitätsmanagement und Elemente eines Qualitätsmanagementsystems - Teil 1: Leitfaden, (ISO 9004-1 : 1994), Dreisprachige Fassung EN ISO 9004-1 : 1994
DIN ISO 9004-2	Qualitätsmanagement und Qualitätsmanagementelemente - Leitfaden für Dienstleistungen, (Identisch mit ISO 9004-2 : 1994)
E DIN ISO 9004-3	Qualitätsmanagement und Elemente eines Qualitätssicherungssystems - Leitfaden für verfahrenstechnische Produkte (Identisch mit ISO/DIS 9004-3 : 1992)
E DIN ISO 9004-4	Qualitätsmanagement und Elemente eines Qualitätssicherungssystems - Leitfaden für Qualitätsverbesserung, (Identisch mit ISO/DIS 9004-4 : 1992)
E DIN ISO 9004-7	Qualitätsmanagement und Elemente eines Qualitätssicherungssystems - Leitfaden für Konfigurationsmanagement, (Identisch mit ISO/DIS 9004-7 : 1993)
DIN ISO 10011-1	Leitfaden für das Audit von Qualitätsmanagementsystemen - Auditdurchführung, (Identisch mit ISO 10011-1 : 1990)
DIN ISO 10011-2	Leitfaden für das Audit von Qualitätsmanagementsystemen - Qualifikationskriterien für Qualitätsauditoren, (Identisch mit ISO 10011-2 : 1991)
DIN ISO 10011-3	Leitfaden für das Audit von Qualitätsmanagementsystemen - Management von Auditprogrammen, (Identisch mit ISO 10011-3 : 1991)
DIN ISO 10012	Forderungen an die Qualitätssicherung für Meßmittel - Bestätigungssystem für Meßmittel
E DIN ISO 10013	Leitfaden für die Erstellung von Qualitätsmanagement-Handbüchern (ISO/DIS 10013 : 1993)
E DIN ISO 8402	Qualitätsmanagement und Qualitätssicherung - Begriffe - Identisch mit ISO/DIS 8402 : 1991
E Beiblatt 1 zu DIN ISO 8402	Qualitätsmanagement und Qualitätssicherung - Anmerkungen zu Grundbegriffen
EN 45001	Allgemeine Kriterien zum Betreiben von Prüflaboratorien
EN 45002	Allgemeine Kriterien zum Begutachten von Prüflaboratorien
EN 45003	Akkreditierungssysteme für Kalibrier- und Prüflaboratorien
EN 45004	Allgemeine Kriterien für den Betireb verschiedener Typen von Stellen, die Inspektionen durchführen
EN 45010 (E)	Allgemeine Anforderungen an die Begutachtung und Akkreditierung von Zertifizierungsstellen
EN 45011	Allgemeine Kriterien für Stellen, die Produkte zertifizieren
EN 45012	Allgemeine Kriterien für Stellen, die Qualitätssicherungssysteme zertifizieren
EN 45013	Allgemeine Kriterien für Stellen, die Personal zertifizieren
EN 45014	Allgemeine Kriterien für Konformitätsbewertungen von Anbietern
EN 45020	Allgemeine Fachausdrücke und deren Definitionen betreffend Normung und damit zusammenhängende Tätigkeiten

ISO Guide 25	General requirements for the competence of calibration and testing laboratories
ISO Guide 43	Development and operation of laboratory proficiency testing
ISO Guide 58	Calibriation and testing laboratory accreditation systems - General requirements for operation and recognition

Sachverzeichnis

Springer-Verlag und Umwelt

Als internationaler wissenschaftlicher Verlag sind wir uns unserer besonderen Verpflichtung der Umwelt gegenüber bewußt und beziehen umweltorientierte Grundsätze in Unternehmensentscheidungen mit ein.

Von unseren Geschäftspartnern (Druckereien, Papierfabriken, Verpackungsherstellern usw.) verlangen wir, daß sie sowohl beim Herstellungsprozeß selbst als auch beim Einsatz der zur Verwendung kommenden Materialien ökologische Gesichtspunkte berücksichtigen.

Das für dieses Buch verwendete Papier ist aus chlorfrei bzw. chlorarm hergestelltem Zellstoff gefertigt und im pH-Wert neutral.

Druck: Mercedesdruck, Berlin
Verarbeitung: Buchbinderei Lüderitz & Bauer, Berlin